掌尚文化

Culture is Future

尚文化·掌天下

基金项目：国家社会科学基金项目“大数据环境下移动社交网络用户个性化
隐私保护模型研究”（项目编号：16BTQ085）

二十一世纪信息安全与隐私保护系列丛书

大数据环境下移动社交网络个性化隐私保护技术研究

王平水　马钦娟◎著

经济管理出版社
ECONOMY & MANAGEMENT PUBLISHING HOUSE

图书在版编目（CIP）数据

大数据环境下移动社交网络个性化隐私保护技术研究/王平水，马钦娟著．—北京：经济管理出版社，2022.9

ISBN 978-7-5096-8703-1

Ⅰ.①大…　Ⅱ.①王…　②马…　Ⅲ.①互联网络—隐私权—信息安全—数据保护—研究　Ⅳ.①TP393.083

中国版本图书馆 CIP 数据核字(2022)第 165126 号

策划编辑：张鹤溶
责任编辑：张鹤溶
责任印制：黄章平
责任校对：蔡晓臻

出版发行：经济管理出版社
（北京市海淀区北蜂窝 8 号中雅大厦 A 座 11 层　100038）
网　　址：www.E-mp.com.cn
电　　话：（010）51915602
印　　刷：唐山玺诚印务有限公司
经　　销：新华书店
开　　本：720mm×1000mm/16
印　　张：9.5
字　　数：159 千字
版　　次：2022 年 10 月第 1 版　　2022 年 10 月第 1 次印刷
书　　号：ISBN 978-7-5096-8703-1
定　　价：88.00 元

前　言

在大数据时代，信息安全和隐私保护已成为国家、社会和个人共同关注的大事之一。移动社交网络的快速发展与普及，更加增强了用户的信息安全和隐私保护意识。由于移动社交网络具有开放性、共享性和连通性等特点，用户的隐私信息更容易被不法分子窃听、窥探、收集和利用。因此，移动社交网络信息安全与隐私保护问题已经成为学术界和工业界近年来关注的热点。

本书着眼于大数据环境下移动社交网络个性化隐私保护技术、策略与模型研究，在广泛调研和对国内外文献深入研究和全面分析的基础上，首先，基于聚类技术研究了面向移动社交网络数据发布的匿名化隐私保护算法，包括基于聚类的k-匿名算法、基于聚类的l-多样性匿名算法以及面向数据分类应用的l-多样性匿名算法；其次，对移动社交网络大数据进行个体分析、群体分析和交叉分析，挖掘移动社交网络大数据中蕴含的直接隐私、间接隐私以及用户属性间的关联关系，为建立移动社交网络用户个性化隐私保护模型提供数据支撑；再次，基于用户角色及用户隐私信息的关联关系，研究设计了满足用户自定义隐私偏好的数据访问规则，建立了支持移动社交网络用户个性化隐私偏好的网络资源访问控制与授权模型，并对其进行了隐私保护策略冲突分析、一致性验证和自动修正，通过仿真实验对移动社交网络用户个性化隐私保护模型的有效性进行了验证分析；最后，开发了移动社交网络用户个性化隐私策略管理和实施的系统软件接口程序，以便将我们提出的隐私保护算法模型与移动社交网络平台进行无缝连接和有效集成，从而满足实际应用中移动社交网络用户的个性化隐私保护需求。

本书研究成果为移动社交网络隐私保护提供了必要的补充，丰富和完善了移动社交网络隐私保护理论和方法体系，有效地促进了移动社交网络安全、健康、和谐地发展，进一步提升我国移动社交网络服务和应用水平。

本书为国家社会科学基金项目“大数据环境下移动社交网络用户个性化隐私保护模型研究”（项目编号：16BTQ085）的研究成果之一，由项目负责人和主要参与者共同编著。具体编写分工如下：第一章、第四章至第九章由王平水撰写，第二章和第三章由马钦娟撰写。著者将自己多年的研究经历和研究成果凝练于本书之中。在此，对支持本著作编写工作的各位老师表示衷心感谢！

由于水平有限，书中错误和疏漏在所难免，敬请广大读者批评指正，我们将虚心接受您的意见和建议。著者的电子邮件地址为 120081049@ aufe. edu. cn。

著者

2022 年 5 月

目 录

第一章　绪论

第一节　引言

一、本书的研究背景

Web2.0 时代的到来，人们逐渐成为网络信息的生产者和使用者，随时可以上传、发布、分享个人信息，也促使了移动社交网络（Mobile Social Networks，MSNs）平台的诞生和快速发展。

移动社交网络又称为虚拟社区，是人们利用移动终端设备通过 Facebook、Twitter、人人网、开心网、博客、微博、微信、QQ 等互联网应用而形成的一类特殊社交群体，其本质是提供一个分享兴趣、爱好、状态和活动等信息的移动交流平台，用户可以在其中创建个人的公开、共享资料，与现实生活中的亲朋好友进行实时互动，也可根据共同的兴趣爱好结识其他人。

随着移动设备以及互联网、云计算、大数据、人工智能、区块链等新一代信息技术的快速发展，移动社交网络已经渗透到人们日常工作、学习、生活的方方面面，具有实时性、开放性、移动性、个性化等特点，移动社交网络已经成为人们日常工作和生活中最受欢迎和最重要的活动平台之一，它不但为人们提供了智能、便捷、数字化的工作和生活方式，同时也促进了社会、经济和科技的发展与进步。借助智能手机、平板电脑等移动设备，用户可以下载各种应用程序，享受各种便利服务，如导航、兴趣查找、朋友发现、文件传输、视频会议、签到服务等。它们被视为一种“全球消费现象”，在过去十几年里使用量呈指数级增长。

移动社交网络为科学研究提供了宝贵的数据资源，便于从中挖掘对经济社会发展有用的知识和模式，由于其中也蕴含着大量的个人信息，加之移动社交网络具有开放性、共享性和连通性等特点，如果这些信息被不法分子收集并利用，将会导致移动社交网络用户隐私的泄露、身心健康受到伤害、经济财产造成损失，甚至会对组织机构产生影响（Wang 和 Wang，2020）。因此，移动社交网络用户信息安全与隐私保护问题已成为学术界和工业界近年来关注的热点问题之一。

二、本书的研究意义

1. 学术价值

目前，关于移动社交网络隐私保护的研究工作主要集中在移动社交网络数据的发布、用户隐私保护范围和认知、服务提供商隐私保护设置、国家行业法律法规政策等方面，针对移动社交网络用户隐私保护模型的研究却很少，基于大数据分析的移动社交网络用户个性化隐私保护模型的研究尚无相关文献。本书的深入研究为移动社交网络隐私保护提供必要的补充，进一步丰富和完善了移动社交网络隐私保护理论和方法体系。

2. 应用价值

移动社交网络用户隐私泄露问题威胁着移动社交网络平台的运行安全，直接影响移动社交网络用户对网络应用的满意度和参与网络活动的积极性。希望通过本书的研究，可以引起移动社交网络服务提供商、网络用户以及学术研究者对移动社交网络安全隐私问题的高度重视，加强对移动社交网络用户数据收集、加工、处理和使用等各个环节的有效控制和严格约束，以期促进移动社交网络安全、健康、和谐地发展，进一步提升我国移动社交网络服务和应用水平。

第二节　隐私与隐私保护

一、隐私

简单地说，隐私就是个体、机构等实体不愿为外界知晓的信息。在具体应用中，隐私即为数据所有者不愿被披露的敏感信息，包括敏感数据以及数据所表征的特性等。通常我们所说的隐私是指敏感数据，如个体的薪资、病人的患病记录、公司的财务信息等。但当针对不同的数据以及不同数据所有者时，隐私的定义也会存在一定差别。例如，保守型的患者可能会视疾病信息为隐私，而开放型的患者却可能不视为隐私。一般地，从隐私所有者的角度，隐私可以分为以下两类（王平水，2013；周水庚，2009）：

一是个体隐私。任何可以确认特定个体或与特定个体相关，但个体不愿被披露的信息，都叫作个体隐私，如身份证号、患病记录、信用等级等。

二是共同隐私。共同隐私不仅包含个体隐私，还包含所有个体共同表现出，但不愿被披露的信息，如公司员工的平均薪资、薪资分布等信息。

二、隐私泄露

在移动社交网络应用及其数据发布过程中，攻击者借助自己所拥有的相关知识，通过各种手段（如数据链接、逻辑推理、系统漏洞等）从中获取了数据所有者不愿被披露的敏感信息，我们称为隐私泄露。攻击者通常结合所掌握的背景知识，对其感兴趣的对象发起攻击，以获取相应个体的敏感信息，从而造成个体的隐私泄露。

三、隐私保护

隐私保护是指通过技术手段对网络访问加以控制，对发布的数据集进行处理，使即使拥有从其他来源得到的背景知识，攻击者也无法轻易从中得到更多关于特定个体的敏感信息。由于背景知识的存在，在移动社交网络应用及其数据发布中，绝对的隐私保护是不可能的。此外，通常数据的隐私保护与数据的可用性之间在某种程度上又存在着矛盾，如何平衡两者之间的矛盾也是值得我们深入思考和研究的问题。

第三节　移动社交网络隐私保护研究综述

一、移动社交网络的隐私类型

根据 MSNs 保护对象的特征，可将 MSNs 中的隐私分为以下三类：

（1）位置隐私。

在 MSNs 提供的诸多服务中，用户的位置信息是非常重要的。在不影响服务质量的情况下，保护用户的位置信息至关重要，而这些位置隐私保护解决方案高度依赖于应用程序。一些应用程序（如共享单车）需要一个位置，而其他应用程序（如导航系统）则需要连续的位置输入。目前位置隐私保护的解决方案主要包括扰动（Chow，2008）、混淆（Phan 等，2018）、k-匿名（Phan 等，2018）、空间隐身（Chow 等，2011）和时间隐身（Gruteser 和 Grunwald，2003）等。

（2）用户隐私。

MSNs 上的用户可以看作是 MSNs 上的节点。因此，用户信息包括节点信息和关于它们在网络中建立的链接信息。用户隐私保护解决方案的目标是保存连接到用户的节点和链接信息（Zheng 等，2017）。节点与边扰动（Mattani 等，2016）和匿名化（Campan 和 Truta，2009）是设计用户隐私保护解决方案中常用的方法。

（3）通信隐私。

主要是保护在网络中交换的或上传到服务器和其他第三方应用程序的信息内容和上下文信息。这些信息可能包括消息内容、用户配置信息的一些属性、对服

务器的查询，这些查询中可能又包含用户标识或用户位置等敏感信息，还有很多其他相关信息。目前，大多数通信隐私保护机制使用了会话密钥协议和数字签名（Hazazi 等，2018）、认证和验证方案（Zhang 等，2018）以及不同的加密方法等。

二、移动社交网络的隐私威胁

MSNs 技术进步为对手提供了更多的资源来设计对 MSNs 不同方面构成威胁的攻击。了解这些攻击的本质和它们的底层机制对于设计隐私保护解决方案至关重要。我们将 MSNs 中对位置隐私、用户隐私和通信隐私的威胁进行分类。

1. 对位置隐私的威胁

（1）直接分享攻击。

当用户以打卡签到或地理标记的方式在 Facebook 和 Foursquare 等社交平台上直接分享自己的位置信息时，就会发生这种攻击。在这些社交平台上，攻击者可以直接访问用户的签到历史，不需要建立复杂模型就可提取用户的位置信息。因此，这些攻击在本质上是被动的。由于原始位置数据的可用性，在这些情况下，攻击模型易于建立，且非常有效。Benson 等（2017）和 Li 等（2018）描述了提取位置信息和发起基于位置的攻击方法。

（2）连续跟踪攻击。

与直接分享攻击相比，这是一种更加主动的方式。这些攻击旨在没有任何事先信息的情况下对用户地理位置进行定位，它们基于间接分享的位置，如模糊位置。分享模糊位置在 Facebook 和微信中非常流行（Li 等，2018）。由于这些都是流行的应用程序，因此所使用的混淆量是公开的，这使攻击者可以创建一个模型来逆向设计精确的位置并研究用户的移动模式，这些被称为空间知识攻击（Lee 等，2011）。另一种类型的连续跟踪发生在社区（近邻）发现服务中，用户可能希望探索社区中的地点或事件。在这里，用户的位置作为搜索查询的一部分被发送到 LBS（基于位置的服务器），然后可以通过直接查询采样（Chow 和 Mokbel，2007）或通过发送多个查询来确定用户（Talukder 和 Ahamed，2010）的确切位置。

（3）推理攻击。

推理攻击是指对数据进行分析，以非法获取与主体相关的知识。这些攻击更为常见，因为大多数移动应用程序都具有位置分享功能，并且没有使用强大的隐私机制来保护这些信息（Liang 等，2018）。在文献中，作者能够对从志愿者那里收集的（全球定位系统 GPS）数据进行推理攻击，通过分析 GPS 数据并将其分割成不同的行程，他们能够准确地确定和定位这些志愿者的家庭住址（Krumm，2007）。

（4）欺骗干扰攻击。

最常见的欺骗干扰类型之一是地理位置欺骗干扰（Gill，2020），用户恶意伪造自己的位置，主要通过 VPN 或 DNS 代理实现。GPS 欺骗干扰是另一种类型的欺骗干扰，目的是通过广播不正确的 GPS 信号、延迟 GPS 信号或在不同区域重新发送这些信号来欺骗用户。

2. 对用户隐私的威胁

（1）重新标识攻击。

这类攻击使用多个数据源和这些数据源中常见的“准标识符”来唯一标识一个用户（Cai 等，2018）。一些研究表明，公开的匿名医疗数据可以用来唯一地识别患者（Emam 等，2011）。例如，Sweeney（2000）能够通过结合医疗和选民登记数据以及仅三个“准标识符”可唯一地标识大约 87%的用户。类似地，Montjoye 等（2013）能够从四个时空点识别出相关用户。Maouche 等（2018）设计了一种重新识别攻击，利用从轨迹数据集（GeoLife 和 Cabspotting）获得的用户移动轨迹点形成热图结构。从 GeoLife 轨迹数据集，他们能够唯一地识别大约 80%的用户。

（2）用户配置攻击。

在 MSNs 中，根据用户分享的位置信息、个人兴趣等属性，可将用户与其他用户或事件进行匹配。这种匹配过程有时要求用户发布他们的属性信息，其中可能包括敏感数据。攻击者还可以通过用户的签到数据、发帖等信息来研究用户的在线行为（Zheng 等，2018）。所有泄露的个人信息与强大的数据挖掘和分析技术相结合，使得攻击者可以对用户进行概要分析或收集他们的信息。最常见的滥用用户信息的方式是创建虚假的配置文件、假冒和身份盗窃，这将有利于发起有针对性的攻击。

（3）垃圾邮件和钓鱼攻击。

垃圾邮件和钓鱼攻击相结合是获取用户机密信息的常见方式。这类攻击通过发送看来合法的电子邮件或消息，将用户引导到一个嵌入了某种“特殊程序”的网站，以提取用户输入的所有信息。垃圾邮件将用户导向第三方网站，而钓鱼攻击则将用户导向外观近乎完美的网站。这类攻击在 WhatsApp、LinkedIn、Facebook、Twitter 等 MSNs 中越来越常见。在 Facebook 和 Twitter 等社交平台上，攻击者冒充知名品牌、名人，有时还会冒充客服。所有这些页面都将用户引导到一个看上去合法的官方网站，或者让用户回答几个问题，或者在网站的表单中输入他们的信息（Tannam，2018）。一个著名的垃圾邮件攻击是在 WhatsApp 上，上面流传着一条信息，内容是“赠送一双阿迪达斯运动鞋，庆祝阿迪达斯 93 周年纪念”，与之前的案例类似，这条消息有一个链接，引导用户到貌似合法的阿迪达斯网页，他们被要求输入他们的信用卡信息等，从而实施进一步攻击（Dumont，2018）。

3. 对通信隐私的威胁

（1）窃听和虫洞攻击。

窃听是指攻击者在双方不知情的情况下截取他们之间的通信信息。在有线通信中，这种攻击通过网络进行，但当使用 MSNs 来发起这类攻击时，恶意代码会被嵌入在合法应用程序中。

在 AppStore 和 Google Play 上有一些社交网络和其他应用程序（Apps），如 Facebook，它可以通过移动设备的麦克风接收音频信息。这些应用程序接收电视节目或广告的音频，挖掘音频数据，从而向用户发送定向广告（Langone，2018；Limer，2018）。有时，像 Facebook 这样的社交网络也会监听用户的谈话作为社交媒体监控的一部分，并向他们发送有针对性的广告。

虫洞攻击是指攻击者从一个点获取数据包，通过数据通道将其传送到另一个点，然后在稍后发起重播攻击或者将其传送到另一个不同的位置。这些攻击利用用户的网络 ID，并进一步产生其他攻击，如中间人攻击，其中记录的信息可能被更改和转发，或被重播攻击，这类攻击旨在破坏 MSNs 中使用的路由协议或其他安全协议（Hu 等，2006）。

（2）服务攻击。

这类攻击的目的是使资源不可用或服务中断。拒绝服务（DoS）和重播攻击就是这类攻击的例子。分布式拒绝服务（DDoS）是一种网络攻击，通过注入恶意软件攻击服务器来感染多个设备。一些 MSNs 应用程序，如 Facebook、LinkedIn、Uber、Airbnb、银行应用程序和电子商务应用程序等容易受到这类攻击，因为攻击者可以很容易地对用户进行分析。对手机的 DoS 攻击是通过下载到设备上的应用程序进行的，这个应用程序要么直接执行 DDoS 攻击，要么在攻击者完全控制设备时打开一个安全漏洞。这种攻击主要通过阻塞网络流量来减少公司的收入，若要解决这一问题需要付出额外的代价。WireX 僵尸网络就是这样一个被称为“安卓点击器”的应用程序（Kumar，2017），它影响了超过 12 万台安卓设备，并在应用层进行了大规模的 DDoS 攻击。另一个应用程序 Mirai 僵尸网络影响了很多社交网络，如亚马逊和 Twitter（Davies，2016）。重播攻击是一种网络攻击，它收集有效的通信信息，然后重播或延迟，这是中间人进攻的另一个版本。

（3）恶意软件。

在这类攻击中，用户被导向一个网站，该网站或自动下载恶意代码，或请求用户下载一个支持的媒体播放器或应用程序，或允许访问 Cookies 以继续浏览该页面。这实际上是一些恶意代码，当下载/安装时，攻击者可以控制受感染设备的鼠标和键盘活动。恶意软件在 MSNs 中的传播是通过虚假的个人资料（Gallagher，2015）或直接出现在用户收件箱中的广播消息（Kovacs，2014）来实现的。

（4）Sybil 攻击。

在这种类型的攻击中，一个被称为 Sybil 的恶意用户可能会创建几个虚假身份来收集用户信息并攻击通信网络本身。由于 MSNs 的开放性和分布式架构，这类攻击在 MSNs 中尤其普遍存在。Sybil 被用来发起网络钓鱼和 DoS 攻击，以传播恶意软件。Sybil 的主要攻击之一是对路由协议实施攻击，Sybil 以某种方式将自己进行配置，使得不同源和目的地之间的多条路径需要通过它们（John 等，2015）。在另一种攻击中，Sybil 与其他 Sybil 和诚实节点建立连接，然后开始传播垃圾邮件、广告和恶意软件，侵犯用户隐私。此外，Sybil 还可以生成不同的

评论来支持它们的服务或破坏其他服务，这是通过关注某些特定行为并高频重复它们来实现的（Zhang 等，2014；Wang 等，2013）。

三、移动社交网络隐私保护解决方案

近年来，MSNs 中的隐私保护问题受到了广泛的关注和研究，这些解决方案在概念、技术或保留 MSNs 的特性方面有一些相似之处。为了进一步开展对这一领域的研究，必须对目前为止已有成果有一个清晰的认识。因此，我们根据已知的 MSNs 隐私威胁类型对隐私保护解决方案进行了详细的分类，并进行了分析总结。

1. 位置隐私解决方案

基于位置隐私保护机制中所使用的技术，这些方案可分为以下三类：

（1）基于 k-匿名的方案。

k-匿名是一种非常流行的隐私保护解决方案，其基本思想为经过 k-匿名处理后从 k 个实体中唯一识别一个特定实体的概率最大为 1/k。已经有多个使用 k-匿名的解决方案，它们要么考虑在线社交网络（OSNs），要么涉及可信第三方（TTP）。此外，大多数 MSNs 将用户信息和位置信息分别存储在不同的服务器上，然后需要进行某种加密以安全地连接两个服务器并提供准确的查询结果，这种分布式架构增加了信息泄露的风险。Xiao 等（2018）提出了一种称为 CenLocShare 的机制来解决上述问题。首先，通过将社交网络服务器（SNS）和基于位置的服务器（LBS）合并为一个称为位置存储社交网络服务器（LSSNS）的服务器，解决了拥有两个不同服务器所带来的问题。其次，确定用户可能向 LSSNS 发送位置数据的场景。对于每个场景，用户向 LSSNS 提交一个查询，在此过程中，用户将其位置和（k-1）虚拟位置一起发送，从而满足 k-匿名要求。它通过使用单个服务器提供了一个集中式方案，可以降低信息泄露的风险，它设计了一个场景特定的 LBS 查询处理，而不是一个通用的解决方案，查询时使用“序列 ID”，以避免重放和篡改攻击。与其他机制相比，该方案减少了存储需求和处理查询所需的时间。虽然该方案有一些优点，但集中式方法会随着网络的增加而增加计算的复杂度。此外，该方案只保留了单个位置的隐私，如果用户提交连续查询，攻击者可以比较容易地映射出用户的轨迹，因为生成虚拟位置的半径是固定的。

正如前面的解决方案中提到的，发送到服务器的查询可能会增加信息泄露的

风险。因此，在用户向服务器发送连续查询的情况下，位置隐私的泄露风险会增加。为了解决这一问题，有的文献中提出了一种名为“协同轨迹隐私保护方案”的解决方案。该方案的基本思想是利用网络中用户设备的缓存能力，通过减少对LBS的查询次数来保护位置隐私。该方案可用于静态和连续查询场景。创建隐藏区域时的k-匿名性和伪查询带来的混淆提供了双重隐私保护。但该方案的主要缺点是算法计算量大，可能不适用于MSNs中计算能力有限的移动设备。Peng等（2017）曾提出一种解决方案，Phan等（2018）提出了一种与其类似的解决方案——隐私保护系统（PPS），这种解决方案克服了Peng等提出方案所面临的计算挑战。为了最小化对LBS的查询，PPS用于维护一个缓存，而不是多个缓存，其中包括所有频繁的位置请求及其相应的结果。当用户发出LBS请求时，PPS检查查询中的位置是否满足以下条件之一：即请求是在一个可以接受的小距离内提出的，或者请求是从一个位置发出的，该位置是已缓存位置的子区域，然后从缓存中返回结果。

如果位置不满足上述条件，PPS将通过模糊用户的位置将请求定向到LSP，模糊半径的选择以k-匿名的方式进行。如果该区域具有稀疏用户，则添加虚拟用户使其满足k-匿名。与其他方案相比，首先，该方案对连续查询提供了隐私性，从而保护了用户的轨迹；其次，通过使用一个缓存来存储所有的结果，克服了前两种方案存在的计算问题，这不仅减少了需要保护的数据量，也减少了用户之间的通信交换和请求数量，从而减少了功耗；最后，该解决方案更具实用性，因为它考虑了现实世界中的用户分布，以及并不总是有足够的用户提供k-匿名的可能性，并提出了克服这一障碍的方法。

近年来，使用MSNs的用户数量越来越多，在实际场景中应用基于k-匿名的解决方案时，如果隐藏区域较小，则泄露位置信息的倾向更大。因此，我们需要基于其他技术的解决方案，如不受用户分布影响的混淆技术等。

（2）基于模糊的方案。

Zhang等（2018）提出了一种名为基于偏差的查询交换（Deviation based Query Exchange，DQE）的隐私保护方案来保存用户的轨迹数据。该方案在用户级别上保护隐私，包括以下两个步骤：步骤1，寻找最佳匹配用户（BMU）；步骤2：基于偏差的查询交换（DQE）。

在步骤1中，用户U与其他用户进行匹配，识别出最匹配的用户。在此步骤中，为了保护用户的隐私，通过混淆用户的原始信息（x，y，运动方向）计算一个相似度值来查看一个用户与其他用户的相似程度，并选择与用户U最不相似的用户作为BMU。用户U与BMU交换ID，BMU会通过混淆位置将用户U的位置查询转发给LSP，然后交换得到结果。该解决方案是非常全面和深思熟虑的，首先，混淆发生在用户级别，即DQE中的BMU选择不是在中心点，从而避免出现单点故障/攻击；其次，即使攻击者获得了ID，也很难将用户与ID链接起来，因为BMU会随着用户的移动而不断变化；再次，在向LSP提交查询之前，该解决方案通过模糊位置提供了额外的隐私级别；最后，对查询结果进行非对称加密，使其能够抵抗窃听攻击。但Zhang等没有考虑用户的不同速度，因此很难将此解决方案应用到更实际的场景中，也没有讨论该方案找到BMU的频率。由于解决方案是在用户级进行的，这些计算和多次通信交换可能会耗尽移动设备有限的电量。

为了克服DQE方案的缺点，Li等（2018）提出了一个名为SmartMASK的模型，该模型通过机器学习来构建一个细粒度的位置隐私系统。模型如下：

1）利用用户的移动历史和位置轮廓，采用聚类算法生成用户的位置轮廓；

2）出行历史中的每个签到都有不同的敏感性水平，在此基础上，一个经过训练的分类和回归树（CART）模型为签到分配一个隐私级别（低、中或高）；

3）用户选择自己的位置共享偏好（粗粒度位置或细粒度位置）；

4）基于模糊级别和用户偏好，模糊引擎执行混合模糊技术，包括模糊算子、半径增大、半径减小和中心移动，当预测的隐私级别是"高"，则应用隐身和混合模糊。

与之前的解决方案不同，SmartMASK是集中式的，由于可用资源更多，它能够处理更密集的计算。对每个新位置只进行隐私级预测和模糊级应用，这是非常不密集的。但由于该模型对位置进行了混合模糊处理，可能会大大地降低位置数据的效用。

为了减少混淆带来的效用损失，Huguenin等（2018）提出了一个基于机器学习的模型来学习位置签到背后的用户动机。该方法先利用位置签到和已有的用户动机来训练预测未来动机的模型；然后，用户提供不同模糊级别对其签到效用的影响。基于这些响应和预测的动机标签，训练成本敏感决策树模型来预测用户感知的隐私水平。该解决方案是同类中的第一个，因为它在设计不使用差异隐私的模型时考虑了用户特定的实用程序。首先，它解决了模糊对效用的影响，并专门训练模型来预测保留最高效用的隐私水平；其次，设计这样的智能模型使用户免予做出敏感和关键的隐私决策。

该方案的主要缺点是相关研究人员无法获得这些类型的数据集。

（3）基于差分隐私的方案。

差分隐私（Differential Privacy，DP）已作为隐私领域的公认标准。与其他大多数隐私保护方案不同，基于差分隐私的解决方案的主要目的是保留数据效用，它们还假设攻击者完全了解用户和网络，而且这些方案还可以量化它们提供的隐私级别。基于差分隐私的解决方案可以成功地应用于发布聚合信息的地方，而DP 要求用户的一个位置所做的更改对最终输出的影响应该可以忽略不计，从而使其无法向 LBS 发送有用的信息。

为了解决这个问题，Dewri（2013）提出了一种同时使用 k-匿名和差分隐私来保护位置信息的方法。在该方法中，作者固定了一个由 k 个位置组成的匿名集，在这个匿名集中，这 k 个位置泛化同一个模糊位置 x 的概率是相同的。为此，在该位置的每个笛卡尔坐标中加入拉普拉斯噪声。虽然拉普拉斯噪声的选择在保留效用方面更好，并且在工作中被广泛的证明，但该方案的主要问题之一是匿名集的选择，这对隐私性影响很大。

另一种基于差分隐私的位置隐私保护方案是 LPT-DPk（Yin 等，2018）。此方案专注于保护频繁位置模式。Yin 等首先基于位置签到的频率创建了一个频繁模式树，称为位置信息树。该信息树生成后，通过基于指数机制的加权选择来生成 top-k 频繁模式，并在 top-k 频繁位置模式集合中加入拉普拉斯噪声来保持隐私性。然后根据另一种 top-k 机制对该方法进行评估，以获得位置数据的效用。与之前提出的基于 DP 的方案相比，LPT-DPk 方案保留了更多的数据实用性，误差相对较低且相对稳定，但它并没有讨论如何导出初始频繁模式，这极大地影响了机制的有效性。

Wang 等（2019）提出了一种新的 DP 方法，该方法实现了增强学习以保持节点的语义轨迹。该方案采用博弈模型设计，以节点和对手为玩家。利用强化学

习（Reinforcement Lenrning，RL）算法为 DP 方案选择最优隐私阈值。获得的最优阈值用于产生伽马噪声，并将其添加到位置信息中。然后将这个模糊的位置信息转发给 LBS，并将获得的结果返回给用户。RL 在位置隐私中实现的是一个相对较新的概念，该文有效地利用了 RL 和博弈模型。此外，最优阈值是在动态环境中选择的，而不像大多数其他 DP 方案是在静态位置实体中选择的。

2. 用户隐私解决方案

用户隐私保护的目的是在 MSNs 上与其他用户或服务器通信时保护用户的具体信息。用户隐私保护解决方案大致可分为以下三类：

（1）聚类和 k-匿名。

在这类方案中，相似的用户被分组在一起，并基于基本的匿名技术在一个组的层次上提供隐私保护，以减少信息损失。SANGEERA（Campan 和 Truta，2008）就是这样一种聚类算法，之前的匿名化解决方案造成了严重的信息损失，而在 SANGEERA 方案中，由于在扰动的基础上采用了边缘泛化，结构信息损失在很大程度上被降低，但该方案的主要缺点是簇非常小或密集。在这种情况下，即使准标识符被匿名化，对手也可以根据其他来源的用户信息轻松地识别用户。该算法没有考虑 MSNs 的移动性和动态性，由于社区和近邻的不断变化，使得该算法不适用于更多真实的 MSNs。

为了解决 SANGEERA 等方案的不足，Siddula 等（2018）提出了一种名为 Equicardinal 聚类的新算法。在这项工作中，用户信息被保存在网络层。与传统聚类算法相比，该方法首先大大减少了信息损失。由于聚类不考虑用户的邻域，因此提供的隐私不受用户位置的影响，使得该解决方案既适用于在线社交网络（Online Social Networks，OSNs），也适用于 MSNs。

由于这些解决方案中使用的聚类算法大多是非确定性多项式（Non-deterministic Polynomial，NP）难算法，所以解决方案只能提供次优结果，因此需要考虑隐私匹配等因素，利用 MSNs 的社交特性来设计解决方案。

（2）隐私匹配。

朋友匹配是 MSNs 的核心功能，MSNs 允许用户基于共同兴趣与邻居或网络中的人联系。为了匹配用户，用户必须与网络共享敏感信息，这对用户的隐私构成了严重威胁。

为了解决上述问题，Li 等（2011）提出了一种 MSNs 的隐私保护匹配方案 FindU。在 FindU 中，P_1 和 P_i 之间实现了三个隐私级别的私有匹配，其中 $2 \leqslant i \leqslant N$。这些隐私级别可以被用户个性化，对手只能获得输出和私有输入，因此随着隐私级别的不断提高，他所能获得的信息数量也在不断减少。为了达到隐私级别，他们设计了两个方案：

一是基本方案。在这个方案中，他们使用了一种称为隐私集交集（Private Set Intersection，PSI）的技术，在用户共享属性之前，使用哈希对属性进行编码。

二是高级方案。在这个方案中，他们使用了 PSI 和盲化与置换（Blind and Permute，BP），其中用户的属性被编码，共享的属性集被重新排列，从而打破了位次和属性之间的联系。在该方案中，每个共享属性都使用同态加密进行编码。

该方案考虑了对手获取信息可能采取的每一个步骤，然后设计方案以确保能够抵抗主动攻击。此外，用户的信息是加密的，而不是泛化的，因此保留了数据的完整效用。尽管 FindU 有一些优点，但它的通信成本更高，因为在匹配过程的每一步、每一次通信都需要进行加密。

为了克服 FindU 等解决方案中存在的问题，Li 等（2019）提出了一种名为 POSTER 的隐私保护匹配机制。在 POSTER 中，安全匹配是使用扰动完成的。该机制首先通过一种验证方案进行安全好友匹配和身份验证，以确保合法用户在进行信息传递。同时，由于该机制不使用同态加密等计算量大的操作，降低了计算复杂度和通信开销。主要的缺点是它不关注“助手”选择使其容易受“女巫攻击”，因为当一个对手可以作为多个用户时，可以选择一些用户特征作为同一通信的合作者，使得对手即使在 POSTER 的防串通方案中也能够获得信息。

为了避免像在 POSTER 中那样依赖其他用户进行隐私匹配，Li 等（2016）提出了一个称为 Match-More 的方案。该方案是为用户安全匹配朋友的朋友而设计的。完整的机制在于匹配度函数，该函数使用 Katz Score 和 Dice 相似度系数分别计算两个用户的社交强度和两个用户之间的相似度评分。匹配分两个阶段进行：

一是朋友发现阶段。在这个阶段，A 通过广播一个连接请求来发现新的朋友。每个响应者将他们的相似度评分作为一个回复发送。然后 A 选择得分最高的人作为“朋友”。

二是朋友推荐阶段。新朋友通过好友列表，计算 A 和他所有朋友的相似度，然后推荐一个相似度得分最高的朋友给 A。

与之前的方案不同，Match-More 利用 Shannon 熵量化了该方案所提供的隐私性，并从理论上证明了该方案的准确性、有效性和执行效率。另外，Match-More 是轻量级的，因为它完全避免了同态加密的使用。Zhang 等（2018）与其他共享实际属性（真实值或扰动值）进行匹配的方案不同，此方案避免了这种情况，只使用相似度评分进行匹配，因此将信息泄露的风险降至最低。

（3）动态假名机制。

Zhang 等（2018）提出的动态假名机制（DPP），旨在同时提供用户及其位置信息的隐私。为了保护用户的身份，该方案使用了多个匿名器。DPP 方案将用户的 LBS 查询划分为区块，每个区块被转发到一个不同的匿名器。在转发属于同一用户的查询块时，分配不同的伪身份，并与不同的匿名器交互，这确保了对手不能将用户信息链接到查询结果，也不能从任何一个匿名器获得真实的用户 ID。匿名器还具有 k-匿名函数，以确保查询中用户的位置隐私。基于攻击的位置，Zhang 等讨论了两种威胁模型，即“弱对手”和“强对手”，攻击的位置分别是：①用户与 LBS 之间的无线信道；②匿名器本身。DPP 方案被设计为用来解决这些威胁，其主要优点是考虑了不同级别的威胁，从而使解决方案更加全面。与其他动态假名解决方案相比，哈希树和单次 k-匿名操作的使用大大地减少了计算时间。此外，该方案提供的隐私是双重隐私，因为它确保了用户和位置的隐私。

Pingley 等（2012）提出了另一种基于动态假名的方案，该方案侧重于理解 LBS 请求背后的上下文，以确保用户隐私。为了阻止对手将用户 ID 链接到其真实位置，使用了身份管理系统。为了使系统更安全，在伪 ID 上执行散列，其中组合了散列键。该方案从两个层面提高了用户的隐私性：①身份管理系统将用户身份替换为伪身份，并保留该伪身份直到服务请求完成，从而为每个服务请求分配一个新的伪身份给用户；②使用用户 ID 和服务时间作为哈希键对用户的伪 ID 进行哈希，安全地共享伪 ID。该方案的主要优点之一是它有多个级别，在这些级别上可以确保隐私。另外，由于伪 ID 是被散列的，这在一定程度上保证了通信的隐私，因为伪 ID 是转发到 LBS 的查询包的一部分。但由于该方案生成新的 ID 并对每个查询执行散列，并且计算是在用户端进行的，因此可能会耗尽移动设备上有限的可用资源。

3. 通信隐私解决方案

根据通信隐私保护机制的实施情况，可以将解决方案分为以下两类：

（1）隐私增强机制。

这些方案是为了配合 MSNs 中已经实现的安全协议而设计的，它们严重依赖数字签名、密钥协议和证书。Zhu 等（2018）提出的 PRIF，是对目前普遍存在于 MSNs 中的转发方案的改进。PRIF 方案围绕着 MSNs 中形成的以共同利益为基础的社区的概念，通过确保互动各方的隐私来保护通信隐私，这是通过在用户加入社区或与社区人员交互之前隐藏用户的兴趣和其他信息来实现的，该隐私保护认证协议使用经可信第三方处理的 Schroff 签名和群证书。虽然该方案使用了强认证协议来保证通信实体的隐私性，但使用集中式授权来生成令牌并不理想，可能会产生单点故障。相反，如果该方案提供提高通信实体之间信任的方法，那么就可能消除对集中授权的依赖，实现分布式处理。

隐私保护认证方案（PPAS）是一种基于群签名的认证方案（Hazazi 等，2018）。群签名主要用于提供用户匿名性和不可链接性。该方案通过使用群的公钥参数生成不可链接令牌来保证用户的合法性。为了保证通信过程中的完整性和一致性，该方案对每一次通信都采用了签名验证算法和会话密钥协议。该机制通过减少生成的令牌数量并考虑组群签名，减少了上述方案所遭受的复杂计算量。与其他方案不同，它还将用户的移动性视为方案的一部分，而不是 MSNs 的快照。但与 PRIF 方案类似，该解决方案也依赖于可信第三方来执行令牌生成。

由于大多数隐私增强方案都依赖于可信第三方来发挥作用，而这些机构很容易受到严重破坏，因此有必要考虑增强隐私的路由协议，因为它们在包括和影响的方面更为广泛。

（2）隐私感知路由机制。

Onion 路由是最早提出的保护通信隐私的策略之一（Syverson 等，1999）。该策略确保有连接和无连接系统中的数据完整性，它使用混合器或层叠器，以随机顺序存储、加密和转发数据到下一个节点，通常使用多个混合器来确保通信免受流量分析的影响。尽管这种策略确保了匿名通信，但主要的缺点是混合器和层叠器的单向特性，这意味着混合器只能进行单向通信操作，要使其进行双向通信操

作，需要部署一组应答层叠器。层叠路由的第二个缺点是它只关注单个通信，Aad 等（2006）提出了对该方法的改进，这种方法将层叠路由扩展到一个多类型转换的场景，并使用“Bloom 过滤器”通过模糊通信包的路由列表来增强通信的匿名性，它是首次在隐私设置中使用 Bloom 过滤器概念的作品之一，同时也克服了以往解决方案中单一方式隐私保护的缺点。

Hasan 等（2013）提出了一个通信隐私保护方案 3PR，使用机器学习技术来学习用户的移动模式，以预测他们的未来路线，并使用这些路线来预测路由消息。这是通过计算一个节点经过目的地的最大可能性来实现的，然后对社区内外的其他节点隐藏这些可能性值。该方案同时提出了利用随机数生成器的“最大概率”和“部分和”等保护隐私的函数。这项工作在通信设置中使用了“路线推荐”思想，这是新颖的，也是第一次。这种解决方案的一个主要缺点是不能保护信息包内容（消息）的隐私，而这些内容可能包含敏感信息。

四、研究空间

目前，针对移动社交网络隐私保护的研究大多集中在社交网络用户数据的隐私保护和社交网络访问控制模型方面。关于用户数据隐私保护采用的方法主要是基于泛化/隐匿技术的匿名化方法，由于其严重依赖预先定义的准标识符属性的泛化层或属性域上的序关系，使得数据匿名化过程中产生很大的信息损失，降低了发布数据的可用性。而且，现有匿名化算法侧重于对发布数据隐私信息的保护，却忽视了匿名数据的实际效用，尤其是没有考虑准标识符属性对敏感属性的效用影响，仅独立地处理准标识符属性，导致发布数据的应用领域受到限制。关于移动社交网络访问控制模型的研究尚缺乏从策略定义、模型建立、分析与验证，到策略动态实施的完整过程，很难与现有移动社交网络系统进行有效集成，开展的研究也局限于传统的基于角色的隐私保护视角，缺乏个性化访问控制机制。

本书将从移动社交网络在大数据背景下所面临的时代挑战出发，以移动社交网络用户个性化隐私保护为研究视角，基于聚类技术设计启发式的匿名化隐私保护算法，利用标准数据集进行实验验证，并与现有典型匿名化算法进行对比分析；构建支持移动社交网络用户个性化隐私偏好的授权模型，满足移动社交网络用户个性化隐私保护需求；采用基于一阶逻辑的隐私偏好描述方法，支持用户自定义个性化的动态隐私策略；借助逻辑编程方法进行自动化的策略一致性分析和验证，并实施基于推理规则的访问授权。

第四节 本书的主要研究工作

一、研究内容

为全面系统解决大数据环境下移动社交网络应用中存在的用户隐私泄露问题，本书主要从以下几个方面进行了研究：

1. 研究基于聚类的匿名化隐私保护算法

匿名化隐私保护的关键是对于给定的数据集如何以最小的代价有效地产生等价类（在聚类中称为簇），使得同一等价类内各记录之间（关于准标识符）无法区分，从而达到隐私保护的目的。目前，基于泛化/隐匿技术的匿名化方法严重依赖于预先定义的泛化层或属性域上的序关系，产生很大的信息损失，降低了数据的可用性。聚类技术能更加有效地利用数据间的相似性，将数据集划分成若干簇，使得同一簇中的对象之间在已定义的相似性标准上具有很高的相似度，而不同簇中的对象之间高度相异（Byun 等，2007）。本书将数据匿名化问题视为附加匿名约束条件的聚类问题，以减少匿名化过程中产生的信息损失，提高发布数据的可用性。然而，在大多数聚类问题中，适用于匿名化问题最优解的穷尽搜索算法具有指数级的复杂度，针对问题的困难性，本书基于聚类技术设计了一种新的启发式的 k-匿名和 l-多样性匿名算法，解决了已有算法对离群点敏感的问题，以较小的信息损失达到隐私保护的目的。

2. 研究基于敏感值约束的匿名化隐私保护算法

一般的匿名化隐私保护模型对所有敏感属性值均作同等处理，没有考虑其敏感程度和具体分布情况，容易受到相似性攻击（Similarity Attack）和偏斜性攻击（Skewness Attack）；而且统一的全域泛化策略将会导致较高的信息损失。为此，本书通过定义不同敏感属性值的敏感度并限制等价类中敏感属性值出现的最大比

率来提高发布数据的安全性，通过聚类技术生成等价类并采用局部重编码方案执行匿名化处理，以减少匿名数据的信息损失。

3. 研究面向数据分类应用的匿名化隐私保护算法

数据匿名化的目标不仅仅是保护个体隐私，更重要的是要能够满足各种数据分析之用。本书以数据分类挖掘为应用背景，通过提取数据分类挖掘应用的关键特征，构建了准标识符属性对敏感属性的效用影响矩阵，在此基础上，采用聚类技术设计了启发式的数据匿名化算法，在满足基本隐私约束条件的情况下，提高了匿名数据的可用性（分类准确性）。该算法亦可进一步扩展到其他数据库应用领域。

4. 基于大数据分析的移动社交网络用户隐私信息关联关系

由于大数据背景下移动社交网络数据呈现出类型复杂、获取速度快、价值密度低以及数据间关系复杂等特点，传统的数据分析工具无法对其进行有效的分析。本书以大数据分析工具 MapReduce 和 Spark 为技术手段，对移动社交网络大数据进行了个体分析、群体分析和交叉分析，挖掘出移动社交网络大数据背后用户的直接隐私、间接隐私以及一般属性间的关联关系，为建立移动社交网络用户个性化隐私保护模型提供数据支撑。

5. 支持移动社交网络用户个性化隐私偏好的访问控制与授权模型

面向移动社交网络的隐私策略主要是由访问者、访问对象、访问行为、用户角色以及访问授权所需要满足的约束条件等组成。本书基于用户角色及用户隐私信息关联关系，设计支持满足用户自定义隐私偏好的网络资源访问规则，建立支持移动社交网络用户个性化隐私偏好的访问控制与授权模型，满足移动社交网络用户的个性化隐私保护需求，同时也可实现移动社交网络中新注册用户和大量、动态网络资源的访问控制。

6. 移动社交网络用户个性化隐私保护策略冲突分析

由于数据访问规则中涉及的访问者、访问对象以及用户行为的属性之间可能存在交叉或层次关系，在隐私保护策略的制定过程中可能会产生逻辑上的不一致，从而导致隐私保护策略的冲突。为此，本书深入研究与分析了隐私保护策略冲突产生的根本原因及其与数据资源访问之间的逻辑关系，对隐私保护策略冲突加以分类，分析其特征，以便对隐私保护策略进行一致性检测与冲突修正。

7. 移动社交网络用户个性化隐私保护策略一致性分析与修正

针对移动社交网络个性化隐私策略定义过程中出现的不一致现象导致的授权冲突问题，本书通过将用户自定义的隐私保护策略转化为一阶逻辑形式，建立了一系列推理规则，实现隐私保护策略一致性分析和冲突检测，并完成冲突策略的自动修正。

8. 面向移动社交网络用户个性化隐私保护策略管理系统

为了将移动社交网络用户隐私保护策略的管理与实际移动社交网络系统实现无缝连接，本书设计并开发了移动社交网络用户个性化隐私保护策略管理系统程序，简化了移动社交网络用户隐私保护策略管理和个性化设置。

二、本书的创新点

（1）学术思想与学术观点的创新：研究基于大数据分析的移动社交网络用户个性化隐私保护策略。

已有关于移动社交网络隐私保护的研究工作主要集中在社交网络行业法律法规、社交网络用户隐私保护范围、社交网络服务提供商的隐私策略设置、社交网络资源访问控制模式等方面，基于社交网络大数据分析的用户个性化隐私保护模型的研究尚无相关文献，本书的研究为移动社交网络隐私保护提供了新颖、别致、全面的理论指导和技术支持，进一步丰富和完善了移动社交网络隐私保护理论和方法体系。

（2）研究方法的创新：提出了基于聚类技术的匿名化隐私保护算法，建立了满足移动社交网络用户个性化隐私偏好的访问控制与授权模型。

通过将聚类技术与数据匿名化技术相结合，研究并设计基于聚类技术的匿名化隐私保护算法，更好地达到数据的隐私保护与数据的可用性两方面的平衡，并通过基于标准数据集的实验和相关具体应用考查所提算法的各项性能指标，完成相关科研项目中预定的匿名化隐私保护模型建立和算法设计。

通过对已有基于角色的访问控制模型进行扩展，增加基于访问者主体属性的“访问者—角色”授权规则和基于访问对象标签的“角色—权限”分配规则，细化网络用户隐私保护策略定义和访问权限分配，实现移动社交网络用户隐私保护策略的个性化设置和自动推荐。

第五节 本书的内容安排

本书主要研究了大数据环境下移动社交网络用户个性化隐私保护技术，共分九章，各章自成一体，又紧密相关。结构及内容安排如下：

第一章：绪论。从隐私保护的概念入手，讨论了大数据环境下移动社交网络隐私保护的研究背景和意义，对移动社交网络隐私保护的研究现状进行了综述，简要介绍了本书研究内容及创新点、研究思路与研究方法以及本书的内容安排。

第二章：移动社交网络隐私保护理论基础。研究了移动社交网络隐私保护技术的相关知识，对匿名化隐私保护的相关概念和技术方法进行了简要介绍和分析，并指出了其存在的问题。

第三章：基于聚类的k-匿名隐私保护算法。由于现有k-匿名算法对离群点敏感，匿名化过程中产生了较大的信息损失。为此，本章设计了一种新的基于聚类的k-匿名隐私保护算法，该算法基于聚类技术对数据集进行“一次”等价类划分，对离群点不敏感，减少了匿名化过程中产生的信息损失，并通过基于标准数据集的实验对算法的性能进行了验证和对比分析。

第四章：基于聚类的l-多样性匿名隐私保护算法。由于k-匿名隐私保护模型容易受到同质性攻击（Homogeneity Attack）和背景知识攻击（Background Knowledge Attack），而且直接采用泛化/隐匿技术生成的匿名数据集具有较大的信息损失。为此，本章基于聚类技术设计了新的启发式的l-多样性匿名算法，减少了匿名数据的信息损失。然而，该算法存在偏斜性攻击问题，于是我们通过对数据集中敏感属性值的敏感度及其在等价类中的具体分布加以约束，又提出一种基于敏感值约束的l-多样性匿名算法，有效解决了该类攻击问题，并通过基于标准数据集的实验对算法的性能进行了验证和对比分析。

第五章：基于数据效用的l-多样性匿名算法。由于仅从提高隐私保护程度和减少信息损失的角度研究匿名模型和算法很难保证发布数据的实际效用。为此，本章以数据分类挖掘为应用背景，提出了一种面向数据分类应用的l-多样性匿名算法，有效解决了数据分类挖掘应用中数据集的匿名化问题，在满足基本隐私约束条件的情况下，提高了匿名数据的可用性（分类准确性），并通过基于标准数据集的实验对算法的性能进行了验证和对比分析。

第六章：基于大数据分析的移动社交网络用户隐私信息关联关系。根据大数据背景下移动社交网络数据的特点，本章利用大数据分析工具分析社交网络用户属性间的关联关系，以有效构建社交网络用户个性化隐私保护模型。

第七章：移动社交网络用户个性化隐私保护模型。在移动社交网络用户隐私信息关联关系分析的基础上，基于用户角色定义了安全实用的移动社交网络用户隐私保护策略，建立了支持网络用户个性化隐私偏好的网络资源访问授权模型；针对用户自定义的隐私保护策略出现的冲突问题，研究分析了隐私保护策略冲突产生的原因及其与网络数据资源访问之间的关系，对隐私保护策略冲突进行了分类，分析其基本特征，采用一阶逻辑编程方式实现了对隐私保护策略冲突的自动检测和修正；通过仿真实验验证了模型的有效性。

第八章：移动社交网络个性化隐私策略管理系统。为了将提出的个性化隐私保护访问控制与授权模型能够与当前实际移动社交网络系统进行无缝连接、有效集成，本章设计并实现了一个个性化隐私保护策略管理系统，用户可以根据个人偏好进行定义个性化的隐私保护策略并基于隐私保护策略实现对移动社交网络资源的个性化的访问控制。

第九章：结论与展望。总结了本书的主要工作，并指出了存在的不足，提出了进一步研究的方向。

第二章　移动社交网络隐私保护理论基础

第一节　引言

在介绍本书具体研究工作之前，本章将对移动社交网络数据隐私保护的相关概念和理论知识作简要介绍。数据匿名化是目前常用的隐私保护技术之一，作为移动社交网络数据匿名化隐私保护的基础，数据匿名化方法是每种匿名化技术不可或缺的。目前，广泛使用的数据匿名化方法有泛化、隐匿、交换等，其中泛化和隐匿最为常用。此外，通过聚类技术实现数据的匿名化近年来也引起了研究者的广泛关注（王平水、王建东，2011；王平水，2013）。

在本章中，我们首先对匿名化隐私保护的相关概念作一个简介；其次我们深入讨论与社交网络数据匿名化相关的基本原则和技术方法，详细介绍目前最常用的两种匿名化方法，即泛化和隐匿，并总结分析常见的匿名攻击方式；最后我们将简要介绍匿名化隐私保护技术的几个主要性能指标和度量标准。

第二节　基本概念

一、数据属性

目前，匿名化隐私保护技术主要的研究对象是关系数据集。在移动社交网络数据发布应用中，一个关系数据集S可视为由n条记录（元组）组成的数据表文件，其中每条记录包含个体的m个属性，这些数据属性根据其作用及表现出的特征可被划分成以下4种（王平水、王建东，2011）：

（1）标识符（Identifiers，ID）：数据集中用于唯一标识个体身份的属性或属性组合，称为标识符，如姓名、身份证号、社会保险号等。

（2）准标识符（Quasi-Identifiers，QI）：数据集中用于与其他外部数据集进行链接以标识个体身份的属性或属性组合，称为准标识符，如性别、出生日期、邮政编码、家庭地址等。一个数据集的准标识符的选择通常取决于进行链接的外部数据集，见图2-1，数据集 Medical Data 的准标识符为｛种族，生日，性别，邮编｝。

（3）敏感属性（Sensitive Attributes）：数据集中涉及个体隐私的数据属性，称为敏感属性，这些属性在进行数据发布时需要加以保护，如个体薪资、健康状况、信用等级等。

（4）非敏感属性（Non-Sensitive Attributes）：数据集中可以公开的个体属性，称为非敏感属性，又称为普通属性。通常这些属性值在发布时不会危及个体隐私。

二、链接攻击

链接攻击是利用发布的数据集获取个体隐私信息的常见方法。数据集在进行发布时，如果仅移除或隐藏能够唯一标识个体身份的属性（即标识符，如姓名、身份证号、社会保险号等），并不能从根本上实现对个体隐私信息的保护。

Sweeney（2002）指出，攻击者通过准标识符将发布的数据集和从其他渠道获取的相关数据集进行链接操作，就可以确定与个体相对应的数据记录，推理出个体的敏感属性值，从而造成个体隐私的泄露。例如，如图 2-1 所示的将医疗信息表通过准标识符｛种族，生日，性别，邮编｝与选民登记表进行链接（其中医疗信息表存储有每个患者的基本信息和医疗诊断信息，选民登记表存储有每个选民的基本信息），几乎可以唯一确定就诊患者的医疗诊断结果。然而，患者的医疗诊断结果正是需要进行保护的隐私数据。研究表明，约 87%的美国居民可以通过准标识符能够被唯一确定（Sweeney，2002）。为了阻止链接攻击，Sweeney 等提出了 k-匿名模型，可以在一定程度上解决发布数据因链接攻击所产生的隐私泄露问题，但同时也给发布数据的可用性带来了影响，即产生了一定量的信息损失。

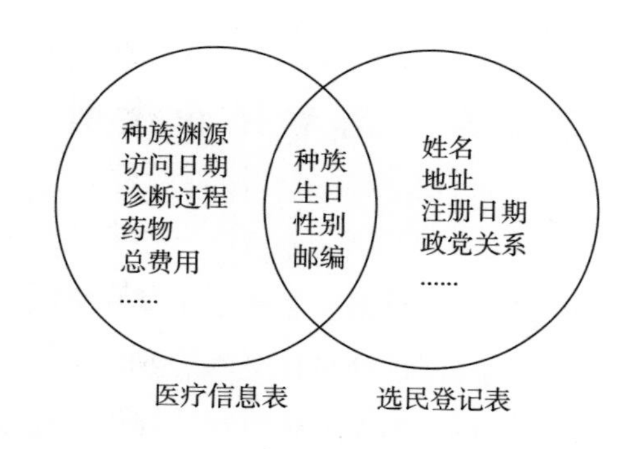

图 2-1　链接攻击示例

三、隐私泄露类型

社交网络数据集在进行发布时，若仅仅移除或隐藏标识符，通过准标识符将其与其他渠道获取的相关数据集进行链接操作仍然可能造成个体隐私信息的泄露。通常将因链接攻击造成的隐私泄露分为身份泄露和属性泄露两种类型，目前隐私保护技术主要关注的是属性泄露，即保护个体的敏感信息不被泄露。以下对这两种隐私泄露作简单介绍：

1. 身份泄露

在链接后的数据集中，若某些准标识符属性值对应于少量记录，此时攻击者可通过匹配相应的准标识符属性值，来确定发布的数据集中个体的身份信息，从而造成个体身份信息的泄露，我们称之为身份泄露。k-匿名模型可有效控制数据发布中的身份泄露。

2. 属性泄露

在链接后的数据集中，若与某些准标识符属性值相关的敏感属性值占绝对优势，此时攻击者通过匹配相应的准标识符属性值，可以很高的概率推理出相应个体的敏感属性信息，从而造成个体敏感信息的泄露，我们称之为属性泄露。发布的数据集即使满足k-匿名模型约束，也可能产生属性泄露，l-多样性匿名模型对此进行了有效控制。

第三节　隐私保护原则

在社交网络数据发布应用中，数据匿名化是用于解决因链接攻击所造成的隐私泄露问题的主要技术之一。目前，针对社交网络数据匿名化的研究主要集中在以下两个方面：一是研究设计更好的匿名化原则，使得遵循此原则发布的数据既能很好地保护隐私，又具有较高的数据可用性。二是针对特定匿名化原则设计更“高效”的匿名化算法。以下对目前常用的社交网络数据匿名化原则（匿名模型）进行分析和总结，并指出其可能存在的问题，以便进一步进行深入研究。

一、k-匿名

为解决数据发布中链接攻击所带来的隐私泄露问题，Sweeney（2002）提出了k-匿名（k-anonymity）隐私保护模型。

定义2.1（k-匿名）　设原始数据表为S（A_1，A_2，…，A_n），匿名后的数据表为S^*（A_1，A_2，…，A_n），QI是与其对应的准标识符，称数据表S^*满足k-匿名（k-anonymity）要求，如果S^*（QI）中的每个序列值在匿名表S^*中至少出

现 k 次（k>1），即至少有 k 条记录具有相同的准标识符属性值。

例如，表 2-2 是表 2-1 的一个 k-匿名表，此处 k=2。

表 2-1　原始数据表

记录号	姓名	种族	生日	性别	邮编	疾病
1	Alice	黑人	1935-3-18	男	02141	流行性感冒
2	Bob	黑人	1965-5-1	男	02142	癌症
3	David	黑人	1966-6-10	男	02135	肥胖症
4	Helen	黑人	1966-7-15	男	02137	胃炎
5	Jane	白人	1968-3-20	女	02139	艾滋病
6	Paul	白人	1968-4-1	女	02138	癌症

表 2-2　k-匿名表

记录号	种族	生日	性别	邮编	疾病
1	黑人	1965	男	0214*	流行性感冒
2	黑人	1965	男	0214*	癌症
3	黑人	1966	男	0213*	肥胖症
4	黑人	1966	男	0213*	胃炎
5	白人	1968	女	0213*	艾滋病
6	白人	168	女	0213*	癌症

定义 2.2（QI-等价类）　设有 k-匿名数据表 S^*（A_1，A_2，…，A_n），称 S^* 中具有相同准标识符属性值的一组记录构成的集合为一个 QI-等价类（简称等价类），即 k-匿名实现了同一等价类内各条记录之间无法区分（敏感属性值除外）。

例如，表 2-2 中的记录 1 和记录 2 构成一个 QI-等价类，记录 3 和记录 4 构成一个 QI-等价类，记录 5 和记录 6 构成一个 QI-等价类。

根据记录的准标识符属性值，我们可以将匿名数据表划分成若干互不相交的 QI-等价类。

定义 2.3（QI-划分）　设有 k-匿名数据表 S^*（A_1，A_2，…，A_n），$E=\{e_1, e_2, \cdots, e_m\}$ 是匿名数据表 S^* 的所有 QI-等价类构成的集合，如果集合 E

满足$\cup_{i=1}^{m} e_i = S^*$，并且$e_i \cap e_j = \phi$（$1 \leqslant i \neq j \leqslant m$），则称 E 为匿名数据表$S^*$的一个 QI-划分。

k-匿名模型通常可以阻止敏感属性值的泄露，因为每个个体身份被准确标识的概率至多为 1/k，其中匿名参数 k 用于指示隐私保护的程度。一般来说，k 值越大，隐私保护程度越高，反之亦然。然而，数据表在 k-匿名化过程中并未对敏感属性作任何约束，这也可能带来个体隐私信息的泄露。例如，同一等价类内敏感属性值较为集中，甚至完全相同（可能形式上，也可能语义上），这样即使满足 k-匿名要求，攻击者也能够很容易以很高的概率推理出与指定个体相应的敏感属性值。除此之外，攻击者也可能通过自己掌握的足够的相关背景知识以很高的概率来确定敏感数据与个体的对应关系，从而导致隐私泄露。因此，k-匿名模型容易受到同质性攻击（Homogeneity Attack）和背景知识攻击（Background Knowledge Attack）。

二、l-多样性

为解决 k-匿名数据集中存在的同质性攻击和背景知识攻击问题，Machanavajjhala 等（2007）在 k-匿名模型基础上提出了 l-多样性（l-diversity）匿名模型。

定义 2.4（l-多样性）　如果数据表S^*满足 k-匿名，$E = \{e_1, e_2, \cdots, e_m\}$是$S^*$的一个 QI-划分，且任意 QI-等价类$e_i$（$1 \leqslant i \leqslant m$）至少包含 1 个“较好表现”（Well-Represented）的敏感属性值，称匿名数据表$S^*(A_1, A_2, \cdots, A_n)$是 l-多样性的。其中“较好表现”有多种解释，例如：

（1）差异 l-多样性（Distinct l-diversity）：任意等价类e_i（$1 \leqslant i \leqslant m$）中至少包含 l 个互不相同的敏感属性值。

（2）熵 l-多样性（Entropy l-diversity）：任意等价类e_i（$1 \leqslant i \leqslant m$）中敏感属性值的信息熵至少为 logl。等价类$e_i$的敏感属性的信息熵定义为：$H(e_i) = -\sum_{s \in S} p(e_i, s) \log p(e_i, s)$，其中，S 表示敏感属性值域，$p(e_i, s)$表示敏感属性值 s 在等价类$e_i$中出现的概率。

（3）递归（c，l）多样性（Recursive（c，l）-diversity）：任意等价类e_i（$1 \leqslant i \leqslant m$）都满足$r_1 < c(r_l + r_{l+1} + \cdots + r_m)$。其中，m 表示等价类中不同敏感属性

值的个数，r_j 表示该等价类中第 j 频繁的敏感属性值的个数。Recursive（c，l）-diversity 保证了等价类中频率最高的敏感属性值不至于出现频度太高。

（4）递归（c_1，c_2，l）多样性［Recursive（c_1，c_2，l）-diversity］：任意等价类 e_i（$1 \leq i \leq m$）都满足 Recursive（c_1，l）-diversity 并且任意敏感属性值 s 在每个等价类 e_i（$1 \leq i \leq m$）中出现的概率至少为百分之 c_2。该原则除保证等价类中频率最高的敏感属性值不至于出现频度太高，同时还保证了等价类中频率最低的敏感属性值不至于出现频度太低。

l-多样性匿名模型有效解决了 k-匿名模型中存在的同质性攻击和背景知识攻击问题，但容易受到偏斜性攻击（Skewness Attack）和相似性攻击（Similarity Attack）的威胁。所谓偏斜性攻击，是指虽然发布的数据满足了 l-多样性匿名的要求，但等价类中敏感属性值分布可能十分倾斜，此时攻击者仍然可以很高的概率推理出大部分个体的敏感属性值，从而造成隐私泄露。相似性攻击是指等价类中敏感属性值虽然不同，但其敏感程度可能极为相近，尤其是高敏感度的属性值出现群集现象时，导致高敏感度的个体敏感属性值被获取，同样产生隐私泄露。

三、t-接近

为阻止针对 l-多样性匿名数据集的偏斜性攻击和相似性攻击，Li 和 Li（2007）提出了 t-接近（t-Closeness）匿名模型，该匿名模型要求发布的数据除了满足 k-匿名约束条件外，还要求所有等价类中敏感属性值的分布与敏感属性值在匿名化表中的总体分布的差异不超过阈值 t。t-接近匿名模型在 l-多样性匿名模型基础上，考虑了敏感属性值的分布问题，它要求等价类中敏感属性值的分布尽量接近该属性值的全局分布。t-接近在一定程度上解决了针对敏感属性值的偏斜性攻击和相似性攻击，但是匿名化的结果降低了发布数据的可用性，尤其是数据集规模较小时更为严重，提高数据可用性的唯一办法是增大阈值 t。

四、个性化隐私保护

上述的匿名化原则仅提供表级别的保护粒度，对表中所有敏感属性值提供相同程度的保护，并未考虑其相应的语义关系，造成大量不必要的信息损失。Xiao 和 Tao（2006）提出个性化匿名（Personalized Anonymity）的概念，并给出了实现个性化匿名的一般方法。所谓个性化匿名是指对数据表中不同敏感属性值提供不同粒度的隐私保护程度，从而减少了因统一匿名化所带来的信息损失。Ye 等（2008）给出了个性化的（α，k）-匿名模型，进一步减少了信息损失，提高了匿名数据的隐私保护程度。Liu 等（2012）提出了一种个性化的并行（α，k）-匿名算法，执行效率较高，在保护个体隐私的同时，也保留了更多的原始信息，且降低了相似性攻击的风险。有学者也对个性化匿名隐私保护技术展开了研究，提出了有效的匿名模型和算法（Xa 等，2013；韩建民等，2010，2011）。

五、动态数据匿名化隐私保护

目前大部分匿名化原则都是针对静态数据发布的，并未考虑数据记录动态更新后重发布的隐私保护问题，数据的动态更新在现实中是极为常见的。然而，如果我们仍然按照原有的方法对更新后的数据集进行匿名化并重新发布，不仅效率低下，很可能在多个不同的发布版本间存在推理通道，从而造成隐私泄露。动态数据重新发布所产生的隐私泄露问题已引起了国内外研究者的广泛关注。Byun 等（2006）基于推迟发布、新建 l-多样性等价类思想提出了一种支持记录插入操作的动态数据重新发布匿名方案，能够在一定程度上阻止推理攻击所造成的隐私泄露问题；Xiao 和 Tao（2007）给出了一种同时支持记录插入和记录删除操作的 m-不变性匿名方案，通过保证同时出现在不同发布版本中的记录所在的等价类具有完全相同的敏感属性值集合，有效解决了不同版本间的推理通道所造成的隐私泄露问题，Wu 等（2009）提出一种（k，c）-匿名模型以支持增量数据的重发布；等等。

第四节　隐私保护方法

目前，常用的数据匿名化方法主要是通过泛化（Generalization）/隐匿（Suppression）技术实现的，该技术不同于一般的扭曲、扰乱和随机化等方法，它们能保持发布前后数据的真实性和一致性。

一、数据泛化

泛化的基本思想是用更一般的值或者模糊的值取代原始属性值，但语义上与原始值保持一致。通常，泛化可分为两种类型（Maouche 等，2018）：域泛化和值泛化。

1. 域泛化

域泛化又称全域泛化或全域重编码（Global Recoding），是指将一个给定的属性域泛化成一般域。如属性 ZIP 原始域 Z0＝｛02138，02139，02141，02142｝被泛化成 Z1＝｛0213*，0214*｝，以便在语义上表达一个较大的范围。如此，Z1 被泛化成 Z2＝｛021**｝，Z2 被泛化成 Z3＝｛*****｝（见图 2-2）。属性 A 的值域经过连续多次泛化形成的域泛化层次结构称之为域泛化层（Domain Generalization Hierarchy），记为 DGH_A，泛化层次越高，信息损失量越大。Sweeney（2000）提出的 Datafly 算法通过反复对取值个数最多的属性进行全域泛化，最终使整个数据表满足 k-匿名。

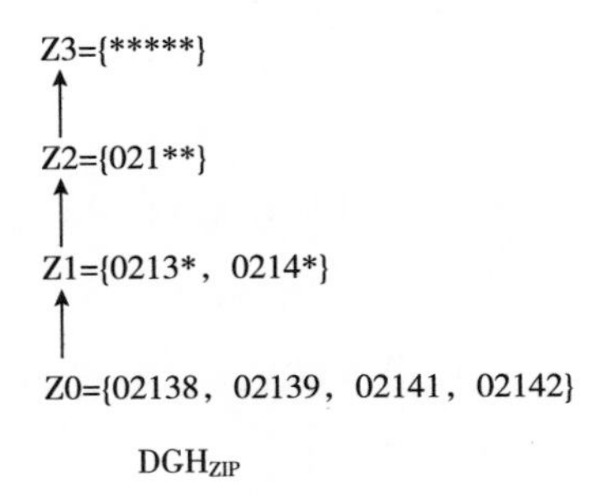

图 2-2 包含隐匿的 ZIP 域泛化层

2. 值泛化

值泛化又称局域泛化或局域重编码（Local Recoding），是指原始属性域中的每个值直接泛化成一般域中的唯一值（见图 2-3）。属性 A 的值泛化关系同样决定了值泛化层（Value Generalization Hierarchy）的存在，记为 VGH_A。值泛化与域泛化相比，具有较大的灵活性，能够有效地减少因过度泛化所造成的信息损失。

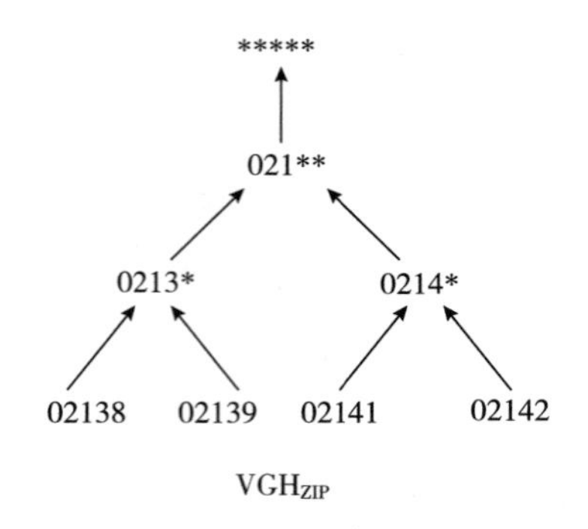

图 2-3　包含隐匿的 ZIP 值泛化层

3. 最优泛化

设有原始数据表 S（A_1，A_2，…，A_m），针对每个属性 A_i 给定其域泛化层 DGH_{A_i}，则属性级上的所有可能的泛化数目为①：

$$\prod_{i=1}^{m}(|DGH_{A_i}|+1) \tag{2-1}$$

数据单元级上的所有可能的泛化数目为：

$$\prod_{i=1}^{m}(|DGH_{A_i}|+1)^n \tag{2-2}$$

其中，$|DGH_{A_i}|$表示属性 A_i 的泛化层次数目，m 为数据表准标识符的属性个数，n 为记录个数。

对于给定的数据表 S（A_1，A_2，…，A_m），理想的最优泛化结果是既能够保护个体隐私，又能使信息损失量达到最小。

二、数据隐匿

隐匿，是指用最一般化的值取代原始属性值，可视为最高级别的泛化。如图 2-3 所示，属性 ZIP 的值泛化层 VGH_{ZIP} 中处于顶层的“最大值”即为该属性每个值隐匿操作的结果。在 k-匿名化过程中，若某些记录无法满足 k-匿名要求，则一般采取隐匿操作，被隐匿的相应属性值所在记录要么从数据表中删除，要么

① 参见 http：//www. compantech. com/blog/vpn-privacy/geospoohy/.

相应属性值用若干“ * ”填充，以保持有关统计特性。

三、数据聚类

聚类，就是将一个数据集（通常是多元的）分解或划分成若干组，使得同一组中的数据点之间彼此相似，但与其他组中的数据点尽可能不同（Byun 等，2007）。在进行数据聚类时，我们需要知道的是数据点之间的距离，而不是任一个变量的值。

我们考虑聚类一个点集，一种方法是使聚类内两点间的距离尽可能地小，那么在一个聚类内每个点与其他任意点是相似的，于是我们会选取一个算法来划分数据，使得聚类内的点间最大距离最小化。常见的聚类方法有基于划分的聚类、层次聚类等。通过聚类技术可有效地实现发布数据的匿名化，从而达到隐私保护的目的。John 等（2015）首次提出一种通过聚类技术实现数据匿名化的方法，即对原始数据进行聚类操作，将数据集中的记录划分成若干簇，然后用每个簇的聚类中心取代簇中的数据点连同簇特征一并进行发布；Zhang 等（2014）提出了基于聚类的匿名化方法，将原始数据表先通过聚类技术聚成若干至少包含 k 条记录的簇，然后对每个簇再进行匿名化处理；等等。

四、其他方法

除通过泛化、隐匿、聚类等方法进行数据匿名化外，还有基于数据分解的匿名化方法[①]、基于数据交换的匿名化方法，等等，在此不再赘述。

关于匿名化方法，Sweeney（2002）给出了最小泛化匿名的概念，Meyerson 和 Williams（2004）证明了基于泛化和隐匿的匿名化技术的最优解求解是一个 NP 难问题，目前文献中提出的匿名化算法主要是一些启发式算法，力图在合理的时间内找到近似最优解，以减少信息损失为优化目标。

---

① 参见：https：//the hackernews. com/2017/08/android-ddobotnet. html.

第五节　隐私保护攻击

经过匿名化方法处理后的数据集，仍然可能受到攻击者的各种攻击，常见的攻击方式有：同质性攻击（Homogeneity Attack）、背景知识攻击（Background Knowledge Attack）、偏斜性攻击（Skewness Attack）、相似性攻击（Similarity Attack）、交叉推理攻击（Inference Attack）等。下面对这几种攻击方式作简单介绍：

1. 同质性攻击（Homogeneity Attack）

同质性攻击主要存在于k-匿名化数据集中，虽然发布的数据集满足了k-匿名的要求，但在某些等价类中敏感属性值可能完全相同，此时攻击者可以很容易地直接获取相应个体的敏感信息，从而造成隐私泄露。

2. 背景知识攻击（Background Knowledge Attack）

在k-匿名化数据集中，攻击者可能掌握了与某个体敏感属性值相关的背景知识，依据此背景知识，攻击者虽然不能准确定位哪条记录与该个体对应，但可以很高的概率推理出该个体的敏感属性值，从而造成个体的隐私泄露。

3. 偏斜性攻击（Skewness Attack）

偏斜性攻击主要针对l-多样性匿名数据集，虽然发布的数据集满足了l-多样性匿名的要求，但等价类中敏感属性值可能分布十分倾斜，此时攻击者仍然可以很高的概率推理出大部分个体的敏感属性值，从而造成隐私泄露。

4. 相似性攻击（Similarity Attack）

相似性攻击主要针对l-多样性匿名化数据集，虽然发布的数据集满足了l-多样性匿名的要求，但等价类中敏感属性值虽然不同，但其敏感程度可能极为相近，尤其是高敏感度的属性值出现聚集现象时，导致高敏感度的个体敏感属性值容易被获取，从而造成隐私泄露。

5. 交叉推理攻击（Inference Attack）

交叉推理攻击主要存在于动态发布的匿名化数据集中，虽然每个独立发布的数据集满足了基本的匿名要求，但攻击者可以结合多次发布的数据集，找出其中的推理通道，推理出个体的敏感属性值，从而造成隐私泄露。

针对匿名数据集的隐私攻击，Li 等（2006）对隐私保护数据发布中各种背景知识进行了系统研究，并对可能的背景知识进行了形式化描述和分析，以便设计针对背景知识攻击的隐私保护算法；Wong 等（2007，2009）研究了匿名化隐私保护数据发布中的最小攻击问题，并提出了“m-confidentiality”模型和相关算法。只有认识到了匿名数据集存在的安全隐患和可能的攻击方式，才能设计出有效的匿名模型和算法。

第六节　隐私保护度量

自匿名化模型被提出以来，研究人员相继提出了多种匿名化质量度量模型。然而，在实际应用中，没有一个统一的模型能够适用于所有的匿名化算法。为处理好隐私保护和信息损失之间的关系以及衡量各种匿名算法的优劣，本节从不同角度给出与匿名化技术相关的度量准则，供选择或设计新的匿名算法时寻求隐私保护和信息损失之间的平衡。

一、精度度量

给定原始数据集 $S(A_1, A_2, \cdots, A_m)$，匿名数据集 $S^*(A_1, A_2, \cdots, A_m)$，m 为数据集属性个数，n 为记录个数，$DGH_{Ai}$ 是属性 A_i 的域泛化层，则匿名数据集 $S^*(A_1, A_2, \cdots, A_m)$ 的精度可按如下方式计算（Montjoye 等，2013）：

$$\mathrm{Prec}(S^*) = 1 - \frac{\sum_{i=1}^{m}\sum_{j=1}^{n}\frac{h}{|DGH_{Ai}|}}{|S| \cdot m} \tag{2-3}$$

其中，h 表示属性 A_i 的值泛化后在域泛化层的高度，$\frac{h}{|DGH_{Ai}|}$表示每个属性值匿名化后的信息丢失量。显然，对于任意属性 A_i，泛化层越高，精度越小，信

息损失越大，反之亦然。

二、可辨别性度量

Bayardo 和 Agrawal（2005）定义了 k-匿名算法的可辨别性度量方案，认为可通过泛化和隐匿所要花费的“代价”来衡量匿名数据集的可辨别性大小。设等价类 E 中的每个记录的泛化代价为该等价类的大小 $|E|$（$|E|\geqslant k$），即包含记录个数，隐匿一条记录的代价为 $|D|$，即数据集的大小。于是，获取该匿名化数据集的总代价为：

$$C=\sum_{|E|\geqslant k}|E|^2+\sum_{|E|<k}|D||E| \tag{2-4}$$

显然，等价类越大及隐匿记录数越多时，匿名化代价越高，相应地，匿名数据集的可辨别性越小，数据的安全性也就越高。

三、隐私披露风险

数据集的隐私保护效果是通过攻击者披露个体隐私的多寡来间接反映的，可统一用隐私披露风险加以度量（王平水，2013）。隐私披露风险表示攻击者根据发布的数据集和相关的背景知识推理出个体隐私的概率。通常，攻击者掌握的背景知识越多，隐私披露风险越大。

令 s 表示敏感数据，事件 S_k 表示“攻击者在背景知识 K 的帮助下揭露敏感数据 s”，则隐私披露风险 r（s，K）表示为：

$$r(s,K)=Pr(S_k) \tag{2-5}$$

对数据集而言，若最终发布数据集 S 的所有敏感数据的隐私披露风险都小于阈值 α（$0\leqslant\alpha\leqslant1$），则称该数据集的隐私披露风险为 α。例如，静态数据发布原则 l-diversity 保证发布数据集的隐私披露风险小于 1/l，动态数据发布原则 m-Invariance 保证发布数据集的披露风险小于 1/m。

第七节　本章小结

本章简要介绍了移动社交网络数据匿名化隐私保护的相关概念，对基本的匿名化原则进行了分析，指出了其存在的问题，介绍了常用的匿名化方法及常见的匿名攻击方式，并简要介绍了与匿名数据集有关的主要度量标准，以便定量度量隐私保护算法的性能。

第三章　基于聚类的k-匿名隐私保护算法

第一节　引言

随着存储技术、数据库技术以及互联网的飞速发展，越来越多的移动社交网络数据被人们收集、发布和使用。基于数据共享、决策支持、科学研究等的需要，要求数据收集者（如个体、企业、政府等）将收集到的数据进行发布。然而，这些数据中可能涉及个体隐私、商业情报、政府机密等，如果将收集到的数据不加任何处理直接发布出去，将可能造成数据所有者隐私信息的泄露。

数据发布中的隐私保护对象主要是用户敏感属性与个体身份之间的对应关系，传统的方法将数据中能够唯一标识个体身份的属性（即标识符，如姓名、身份证号、社会保险号等）移除或加密后进行发布是无法从根本上阻止隐私泄露的，攻击者往往可以通过在多个公开的数据源之间进行链接操作来获取个体的隐私信息（即链接攻击）。

匿名化是解决数据发布中因链接攻击所造成的隐私泄露问题的主要技术之一，其基本思想是通过对数据集的准标识符属性执行泛化/隐匿操作，发布精度较低但语义一致的数据，以实现隐私保护。数据收集者在进行数据发布时，一方面要使得发布的匿名数据不泄露个体的隐私信息，另一方面还需要保证发布的匿

名数据具有较高的数据可用性，即工业界、科研机构等仍然能够利用发布的数据进行各种数据分析、数据挖掘和科学研究等，以从中提取出对决策有价值的模型、模式等知识，更好地促进数据资源共享与信息功效的融合。

数据发布是移动社交网络的主要应用之一，为解决数据发布中因链接攻击所带来的隐私泄露问题，Sweeney（2002）提出了k-匿名隐私保护模型，该模型要求发布的匿名数据集中每个准标识符序列值至少出现k次（k>1），即至少有k条记录具有相同的准标识符属性值。

k-匿名模型可以在一定程度上解决数据发布中因链接攻击所产生的隐私泄露问题，然而目前多数k-匿名算法采用的匿名技术主要是对准标识符执行泛化/隐匿操作，不管采用的是全域泛化还是局域泛化，由于其严重依赖预先定义的泛化层或属性域上的序关系，导致匿名结果产生很大的信息损失，降低了发布数据的可用性。Aggarwal等（2006）首次提出一种通过聚类技术实现数据匿名化的有效方法，即对原始数据进行聚类操作，将数据集中的记录划分成若干簇，然后用聚类中心取代簇中的数据点连同簇特征一并进行发布，然而这种数据处理方式虽然能够保持数据的某些统计特性，却会造成信息损失量太大，并且绝大部分数据点的真实性遭到破坏，直接影响发布的数据实际应用效果。Byun等（2007）也提出了一种采用聚类技术实现数据匿名化的方法，首先对原始数据集进行聚类操作，生成大小不小于k的若干簇；其次对每个簇执行泛化处理，生成满足k-匿名约束的等价类，但该算法采用多次聚类的方法，在每次聚类时并未考虑离群点（孤立点）对泛化操作的影响，造成以离群点为聚类中心的等价类信息损失量太大，同样影响了发布数据的效用，而且该算法的执行效率相当低下。还有学者也对基于聚类的k-匿名算法进行了研究，限于聚类中心和聚类成员的选取方法，且也未对离群点做特殊处理，其信息损失依然很大。为此，我们对基于聚类的k-匿名算法进行了改进，重新定义了距离和代价度量函数，提出了一种改进的基于聚类的k-匿名算法，该算法采用"一次"聚类方法，通过局域泛化重编码的匿名处理方式，有效改善了数据匿名化的效果。实验结果表明，该方法可有效减少信息损失量，提高发布数据的可用性和算法的执行效率。

第二节 k-匿名聚类算法

算法的基本思想是将k-匿名问题视为聚类问题，通过聚类分析技术将数据记录划分成若干簇，使得同一簇中的记录之间关于已定义的相似性标准具有很高的相似度，而不同簇中的记录之间高度相异；然后，对于每个簇通过局部重编码的匿名策略将其转化为满足k-匿名约束条件的等价类。

一、k-匿名聚类问题

本章研究的k-匿名问题是传统聚类分析技术与现有匿名技术的高度融合，不同之处在于，k-匿名问题将数据集中的每条数据记录视为聚类分析中的一个数据点，并要求聚类结果中每个簇至少包含k条记录，以便生成k-匿名等价类。因此，我们将k-匿名问题视为聚类问题，并称之为k-匿名聚类问题（Byun等，2007）。

定义3.1（k-匿名聚类问题） k-匿名聚类问题是将包含n条记录的数据集划分成一系列簇，使得每个簇至少包含k条记录，并且要求簇内间距总和最小。

形式地，令S为包含n条记录的数据集，k为具体的匿名化参数，则k-匿名聚类问题的最优解是产生满足以下条件的簇的集合$E=\{e_1, \cdots, e_m\}$：

第一，$\forall_{i\neq j}\in\{1, \cdots, m\}$，$e_i\cap e_j=\phi$，即任意两个簇的记录互不相交；

第二，$\cup_{i=1,\cdots,m}e_i=S$，即所有簇中记录的并集为原始数据集；

第三，$\forall e_i\in E$，$|e_i|\geqslant k$，即每个簇中至少含有k条记录；

第四，$\Sigma_{l=1,\cdots,m}|e_l|\times Max_{i,j=1,\cdots,|e_l|}\Delta(p(l, i), p(l, j))$是最小的，即簇内间距总和最小。

其中，$|e|$表示簇e的大小，p（l，i）表示簇e_l中的第i个数据点（我们将记录视为数据点），Δ（x，y）表示数据点x和y之间的距离。

二、距离和代价度量

解决数据集聚类问题的核心是定义距离函数用以度量数据点之间的相似性，

定义代价函数以使聚类问题代价最小化。距离函数的定义通常由数据点的具体数据类型决定，而代价函数则由聚类问题的具体目标来定义。由于k-匿名聚类问题所涉及的数据中可能既含有数值型属性，又含有分类型属性，因此需要定义能够处理不同类型数据的距离函数。

定义3.2（数值型数据间的距离） 令D为有限数值域，对于任意两个数值 v_i，$v_j \in D$，v_i，v_j 间的标准距离定义为：

$$\delta_N(v_i, v_j) = |v_i - v_j| / |D| \tag{3-1}$$

其中，$|D|$表示数值域D的大小，用于度量D中最大值与最小值之间的差异。

例如，设有数值域D＝［0，100］，则数值60与70之间的标准距离为（70－60）/100＝0.1，60与100之间的标准距离为（100－60）/100＝0.4。

对于分类型属性，由于大多数分类域不具有完整的序关系，因此上述关于数值型数据间的距离定义并不适用于分类型数据。一种简单直观的解决办法是，假定域中各分类值互不相同，若两个分类值相同，则两者之间的距离定义为0，否则距离定义为1。然而，对于有些分类域，域中分类值之间可能存在有某种语义关系，在这些域中，基于这种语义关系定义距离函数就会更为合理。分类树通常可以反映出这种语义关系，我们假定一个域上的分类树是一棵平衡树，其叶节点代表域中所有不同的分类值，如“Country”属性的分类树（见图3-1）。进一步地，我们可以结合具体情况分别指定各相邻层之间的距离，如较低层次间距离较小，较高层间距离较大。基于语义分类树，我们可以定义分类型数据间的距离函数。

定义3.3（分类型数据间的距离） 令D为分类域，T_D 为D上的分类树，对于任意两个分类值 v_i，$v_j \in D$，v_i，v_j 间的标准距离定义为：

$$\delta_C(v_i, v_j) = W(\Lambda(v_i, v_j)) / W(T_D) \tag{3-2}$$

其中，$\Lambda(v_i, v_j)$ 表示分类树中以节点 v_i 和 v_j 的最小公共祖先为根的子树，$W(T_D)$ 表示分类树 T_D 的层间距离总和，为简单起见，可以使用树的高度加以度量。

例如，设分类属性“Country”的分类树如图3-1所示，我们定义相邻层间距离均为1，则分类值“中国”与“日本”之间的标准距离为1/3，“中国”与“伊拉克”之间的标准距离为2/3，“中国”与“美国”之间的标准距离为1。

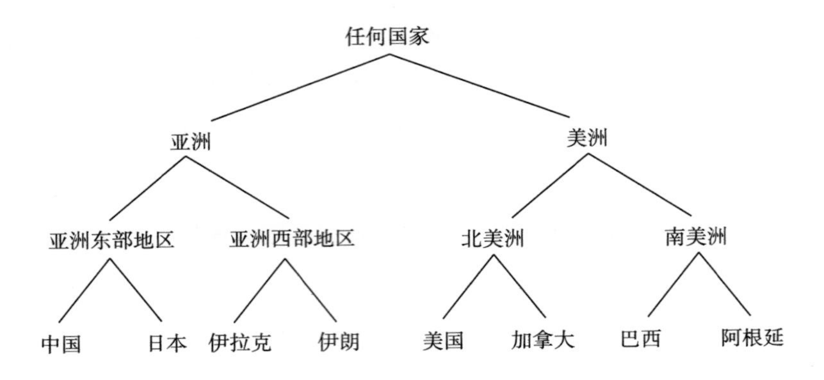

图 3-1 "Country"属性分类树

基于数值域和分类域上的距离函数定义，我们定义两条记录间的距离如下：

定义 3.4（记录间的距离） 令 $QI = \{N_1, \cdots, N_m, C_1, \cdots, C_n\}$ 为数据集 S 的准标识符，其中，N_i（$i=1, \cdots, m$）为数值型属性，C_j（$j=1, \cdots, n$）为分类型属性，则任意两条记录 $r_1, r_2 \in S$ 间的距离定义为：

$$\Delta(r_1, r_2) = \sum_{i=1, \cdots, m} w_i \delta_N(r_1[N_i], r_2[N_i]) + \sum_{j=1, \cdots, n} w_j \delta_C(r_1[C_j], r_2[C_j]) \tag{3-3}$$

其中，$r_i[N_i]$ 表示记录 r_i 的属性 N_i 的值，w_i（或 w_j）表示属性 N_i（或 C_j）的权重，为简单起见，可以定义所有属性权重均相同。

定义 3.5（记录与簇间距离） 令 S 为包含 n 条记录的数据集，$E=\{e_1, \cdots, e_m\}$ 为对数据集 S 中的记录进行聚类产生的簇的集合，则任意记录 $r \in S$ 与簇 $e_i \in E$ 之间的距离定义为记录 $r \in S$ 到簇 $e_i \in E$ 的聚类中心的距离，即：

$$d(r, e_i) = \Delta(r, c_i) \tag{3-4}$$

其中，c_i 为簇 $e_i \in E$ 的聚类中心。

定义 3.6（簇间距离） 令 S 为包含 n 条记录的数据集，$E=\{e_1, \cdots, e_m\}$ 为对数据集 S 中的记录进行聚类产生的簇的集合，则任意两个簇 $e_i, e_j \in E$ 之间的距离定义为两个簇的聚类中心之间的距离，即：

$$d(e_i, e_j) = \Delta(c_i, c_j) \tag{3-5}$$

其中，c_i 为簇 $e_i \in E$ 的聚类中心，c_j 为簇 $e_j \in E$ 的聚类中心。

由于k-匿名聚类问题的最终目标是实现发布数据的k-匿名，即每个簇中的记录都将被泛化成相同的准标识符属性值，形成一个等价类。假定数值型数据泛化成区间［最小值，最大值］，分类型数据泛化成不同属性值的集合。由于在匿名化过程中，无论是数值型数据还是分类型数据都被转化为一个较为模糊的值，在一定程度上保护了相应数据的隐私，同时也产生了一定量的信息损失，且泛化后的数值区间（或集合）越大，真实数据的可辨别能力越差，信息损失也就越大。为此，定义代价函数以度量泛化处理所产生的信息损失量：

定义3.7（等价类信息损失）　令S为原始数据集，$QI=\{N_1, \cdots, N_m, C_1, \cdots, C_n\}$为数据集S的准标识符，其中，$N_i$（$i=1, \cdots, m$）为数值型属性，$C_j$（$j=1, \cdots, n$）为分类型属性，$T_{C_j}$为分类型属性$C_j$域的分类树，对于任意簇$e=\{r_1, \cdots, r_k\}$，$Min_{N_i}$和$Max_{N_i}$分别为簇e中数值型属性$N_i$的最小值和最大值，$\cup_{C_j}$表示簇e中分类型属性$C_j$不同属性值的集合，对簇e进行泛化处理所产生的信息损失IL（e）定义为：

$$IL(e)=|e|\times\left(\sum_{i=1,\ \cdots,\ m}\frac{(Max_{N_i}-Min_{N_i})}{|N_i|}+\sum_{j=1,\ \cdots,\ n}\frac{W(\Lambda(\cup_{C_j}))}{W(T_{C_j})}\right) \tag{3-6}$$

其中，$|e|$表示簇e的大小，$|N_i|$表示数值域N_i的大小，Λ（$\cup_{C_j}$）表示分类树中以$\cup_{C_j}$中所有分类值的最小公共祖先为根的子树，W（T_{C_i}）表示分类树T的层间距离总和。

基于上述定义，匿名数据集的总信息损失定义如下：

定义3.8（总计信息损失）　令$E=\{e_1, \cdots, e_m\}$为匿名数据集S^*的等价类的集合，则匿名数据集S^*的信息损失定义为每个等价类的信息损失之和，即：

$$\text{Total-IL}(S^*)=\sum_{e\in E}IL(e) \tag{3-7}$$

由于k-匿名聚类问题的代价函数是所有簇内距离总和，其中簇内距离定义为簇内最远数据点之间的距离。于是，对簇内记录进行泛化处理时，最小化信息损失就等同于k-匿名聚类问题中最小化代价函数，因此聚类处理时需最小化的代价函数即为Total-IL。

三、隐私泄露度量

隐私披露风险是从概率的角度粗略地衡量匿名数据集的隐私泄露情况，以下我们从信息论的角度定义隐私泄露的大小度量。

根据信息论中互信息的概念，互信息反映了随机变量之间相关的程度。互信息值越高，变量之间相关程度越强。互信息可通过随机变量的边缘熵和条件熵（或联合熵）方便地计算出来，若将数据集的每个属性看作一个随机变量，将准标识符看作一个随机向量，则通过互信息可以度量匿名数据集的隐私泄露大小。

定义 3.9（隐私泄露度量）　设 QI，QI^* 分别为原始数据集和匿名数据集的准标识符，s 为敏感属性，假定匿名化过程对敏感属性 s 不作处理。我们将匿名数据集的身份泄露 R_I 定义为：

$$\begin{aligned} R_I &= I(QI^*; QI) \\ &= H(QI^*) - H(QI^* \mid QI) \\ &= H(QI) - H(QI \mid QI^*) \\ &= H(QI^*) + H(QI) - H(QI^*, QI) \end{aligned} \tag{3-8}$$

匿名数据集的属性泄露 R_A 定义为：

$$R_A = I(QI^*; s) \tag{3-9}$$

则匿名数据集的隐私泄露 R 为：

$$R = R_I + R_A = I(QI^*; QI) + I(QI^*; s) \tag{3-10}$$

互信息量 R 值越大，匿名数据集的隐私泄露越多。因此，R 值的变化情况在一定程度上反映了敏感信息泄露的多少。

四、敏感信息熵度量

以下我们从信息论的角度定义匿名数据集中敏感属性值的信息熵。因为敏感属性值的信息熵若发生较大变化将导致敏感属性相关统计量的变化，可能间接泄露某些相关信息。

定义 3.10（敏感信息熵）　令 $E = \{e_1, \cdots, e_m\}$ 为匿名数据集 S^* 的等价类的集合，s 为数据集的敏感属性，假定匿名化过程对敏感属性 s 不作处理，若等价类 e_i 中敏感属性值的信息熵为 $H_s(e_i)$，则匿名数据集 S^* 的敏感属性值的信息熵（以下简称敏感信息熵）定义为各等价类中敏感属性的信息熵的平均值，即：

$$H_s(S^*) = \frac{1}{m} \sum_{e_i \in E} H_s(e_i) \tag{3-11}$$

五、算法设计

研究表明，在k-匿名聚类过程中，为使信息损失尽可能地小，等价类的大小通常应介于k与2k−1，对于大于2k−1的等价类需要执行分裂操作，生成两个或两个以上满足k-匿名约束（即等价类大小介于k与2k−1）的等价类。

基于k-匿名聚类问题的定义，我们提出一个简单有效的贪婪式k-匿名聚类算法。其基本思想为：

第一步，对于给定的包含n条记录的数据集S，计算可划分的聚类个数 $m=\left|\frac{n}{k}\right|$。

第二步，从数据集S中随机选取m条不同的记录 r_1，r_2，…，r_m 作为初始的聚类中心（即种子记录），基于记录间的距离函数定义，进行聚类生成m个簇 $E=\{e_1, \cdots, e_m\}$；更新聚类中心，重复上述过程，直到聚类中心不再发生改变。

第三步，对于E中记录数大于k的簇 e_i，以k条记录为基准，将其多余的 $|e_i|$-k记录并入集合R。

第四步，对于E中记录数小于k的簇 e_i，从R中选取距其最近的k-$|e_i|$条记录并入其中；将R中的剩余记录依次并入距其最近的簇中，以使信息损失最小。

第五步，对于生成的每个簇，采用局域泛化策略进行匿名化处理。

整个聚类过程分为两步：首先进行全局聚类，生成稳定的聚类中心；然后以k-匿名约束条件为前提，以最小化信息损失为目标，进行记录的局部调整，使得每个簇至少包含k条记录。具体算法过程如下：

算法3.1　基于聚类的k-匿名改进算法

输入：原始数据集S和匿名参数k

输出：匿名数据集 S^*，其中每个等价类至少包含k条记录

步骤1，令 $m=\left|\frac{n}{k}\right|$。

步骤2，从数据集S中随机选取m条不同的记录 $\{r_1, r_2, \cdots, r_m\}$ 作为聚类的种子记录。

步骤3，对于每个 $i \in [1, m]$，初始化簇 $e_i = \{r_i\}$，即定义 m 个簇的聚类中心。

步骤4，循环执行：

（1）$S_0 = S - \{r_1, r_2, \cdots, r_m\}$。

（2）当数据集 S_0 中剩余记录数大于0时，循环执行：

1）从数据集 S 中选取第一条记录 r。

2）$S_0 = S_0 - \{r\}$。

3）将记录 r 加入距其最近的簇 e_i 中，即 $e_i = e_i \cup \{r\}$。

（3）更新每个簇的聚类中心 $\{r_1, r_2, \cdots, r_m\}$。

步骤5，直到每个簇的聚类中心 $\{r_1, r_2, \cdots, r_m\}$ 不再发生改变。

步骤6，令 $R = \phi$。

步骤7，对于每个记录数大于 k 的簇 e_i，当簇 e_i 的记录数大于 k 时，循环执行：

（1）从簇 e_i 中选取距簇中心最远的记录 r。

（2）$e_i = e_i - \{r\}$。

（3）$R = R \cup \{r\}$。

步骤8，对于每个记录数小于 k 的簇 e_i，当簇 e_i 的记录数小于 k 时，循环执行：

（1）从 R 中选取距簇 e_i 中心最近的记录 r。

（2）$R = R - \{r\}$。

（3）$e_i = e_i \cup \{r\}$。

步骤9，当 R 中剩余记录数大于0时，循环执行：

（1）从 R 中任选一条记录 r。

（2）$R = R - \{r\}$。

（3）将记录 r 加入距其最近的簇 e_i 中，即 $e_i = e_i \cup \{r\}$。

步骤10，匿名化簇集 $E = \{e_1, \cdots, e_m\}$，返回匿名数据集 S^*。

第三节　算法分析

一、正确性分析

算法 3. 1　步骤 1 首先计算出数据集 S 在满足 k-匿名约束的条件下可以划分的聚类个数；基于已定义的距离和信息损失度量标准，步骤 2 至步骤 5 将数据集划分成指定个数的聚类；由于聚类过程中并未对每个簇的大小进行控制，因此聚类的结果是有的簇大于匿名参数 k，有的簇小于匿名参数 k，步骤 6 至步骤 7 将大于匿名参数 k 的簇中的多余记录暂时分离出来，对于小于匿名参数 k 的簇，步骤 8 通过将暂存的记录补充进来使其大小达到 k。

因此，步骤 1~步骤 8 执行完毕后，每个簇的大小均为 k，已达到 k-匿名模型要求。

然后，步骤 9 以信息损失最小化为目标，将剩余的暂存记录分配到已有的簇中，继续保持了每个簇的大小至少为 k 这一基本匿名要求；步骤 10 将每个簇按照一定规则泛化成为一个等价类，使其具有相同的准标识符属性值，从而得到满足 k-匿名模型要求的匿名数据集 S^*。

二、复杂性分析

设原始数据集 S 中的记录数目为 $|S|=n$，准标识符维数为 $|QI|=d$，算法 3. 1 在步骤 5 完成后得到 $m=\left|\frac{n}{k}\right|$ 个簇。步骤 1 至步骤 4 的执行时间可忽略不计。

算法在步骤 5 需要计算数据集 S 中每条记录与 m 个簇中心点在准标识符 QI 上的相应距离，并将其并入距离最近的簇中。这一步需扫描 S 一次，执行时间不超过 O（dmn）。因此，步骤 5 的执行时间为 O（dmn）。

算法在步骤 7 需要计算每个记录数大于 k 的簇中每条记录与簇中心点在准标识符 QI 上的相应距离，并将其暂存起来。这一步需扫描记录数大于 k 的簇（小于 m 个）中记录一次，执行时间不超过 O（dmn）。因此，步骤 7 的执行时间为 O（dmn）。

步骤 8 需要计算 R 中每条记录与记录数小于 k 的簇（小于 m 个）的簇中心点在准标识符 QI 上的相应距离。这一步需扫描 R 中记录$\frac{|R|(|R|+1)}{2}$次，执行时间不超过$O\left(d\frac{|R|(|R|+1)}{2}\right)$。因此，步骤 7 的执行时间为$O\left(d\frac{|R|(|R|+1)}{2}\right)$。

与步骤 7 类似，步骤 9 需要计算中 R 中剩余每条记录与 m 个簇的簇中心点在准标识符 QI 上的相应距离。这一步需扫描 R 中记录$\frac{|R|(|R|+1)}{2}$次，执行时间不超过$O\left(d\frac{|R|(|R|+1)}{2}\right)$。因此，步骤 9 的执行时间为$O\left(d\frac{|R|(|R|+1)}{2}\right)$。

因此，算法 3.1 的总体执行时间为$O(dmn)+O(dmn)+O\left(d\frac{|R|(|R|+1)}{2}\right)+O\left(d\frac{|R|(|R|+1)}{2}\right)=O(dmn)$。因为 $m\leqslant n/k$，所以在最坏情况下，算法 3.1 的时间复杂度为 O（dn^2/k）。

三、安全性分析

算法 3.1 通过聚类技术将数据集 S 划分成若干簇 $E=\{e_1, \cdots, e_m\}$，划分的原则为每个簇 e_i 的记录数至少为 k，且记录间的平均距离最小化，然后对每个簇 e_i 执行泛化处理，生成满足 k-匿名模型要求的匿名数据集 S^*。

由于算法 3.1 是基于 k-匿名模型而设计的，主要是从等价类划分的方法和匿名化策略上进行了改进，以减少匿名化过程中的信息损失。因此，通过选择合适的 k 值，可确保匿名数据集 S^* 的安全性，即能够达到 k-匿名模型的安全目标，有效防止数据所有者的身份泄露。但是，由于 k-匿名模型本身的局限性，没有对敏感属性做任何约束和控制，导致生成的匿名数据集 S^* 无法抵抗针对敏感属性值的背景知识攻击和同质性攻击，即容易产生属性泄露；l-多样性匿名模型可有效解决该类问题，下一章将对此进行深入研究。实际上，对于防止身份泄露的数据发布场景，算法 3.1 能够满足其隐私保护需求。

第四节　实验结果与分析

实验的目标是考查本章算法3.1的各项性能，如匿名数据的数据质量、算法执行效率和算法的伸缩性等。我们将本章的基于聚类的k-匿名算法（Our Algorithml），与Hu等（2006）提出的基于多维全域泛化的k-匿名算法（General Algorithml）以及Wang等（2013）提出的基于聚类的k-匿名算法（Clustering Algorithml）做比较。

一、实验环境

实验采用UCI机器学习数据库中的Adult数据集验证本章算法3.1的性能，该数据集包括部分美国人口普查数据，在关系数据集匿名化隐私保护研究中被广泛使用，已成为该领域事实上的标准测试数据集，采用Machanavajjhala等（2007）使用的数据预处理方法，删除含有缺失值的数据记录，得到的数据集包含45222条数据记录，保留9个属性（年龄、性别、种族、受教育程度、婚姻状况、国籍、工作类别、职业、工资类别），从中随机选取40000条记录构成实验数据集S。我们将属性集｛年龄、工作类别、受教育程度、婚姻状况、种族、性别、国籍｝作为准标识符，其中，年龄和受教育程度为数值型属性，其余5个属性为分类型，将“职业”作为敏感属性，共有14个不同的敏感属性值（见表3-1）。

实验运行环境为，CPU：Intel（R）Core（TM）i7-6500U @ 2.50GHz，RAM：8G，软件环境：Windows 7操作系统；开发语言：Anaconda3；数据库管理系统：SQL Server 2012。

表 3-1　实验数据集信息

序号	属性	不同值个数	泛化方式	树高度
1	年龄	74	5-，10-，20-年	4
2	性别	2	隐匿	1
3	种族	5	隐匿	1
4	受教育程度	16	分类树	3
5	婚姻状况	7	分类树	2
6	国籍	41	分类树	3
7	工作类别	7	分类树	2
8	职业	14	—	—
9	工资类别	2	隐匿	1

二、数据质量

图 3-2 对三种算法在 k 值递增情况下的信息损失做了比较。从图中可以看出，本章提出的基于聚类的 k-匿名算法（Our Algorithm1）对于所有 k 值具有较小的信息损失，Clustering Algorithm1 次之，General Algorithm1 的信息损失最大。原因在于，我们的算法通过聚类技术优化了记录间的相似性；Clustering Algorithm1 虽然采用聚类技术对数据集记录进行划分，但其聚类中心的选择方式导致该算法对离群点较敏感，信息损失相对较大；而 General Algorithm1 过分依赖于预先定义的泛化层或属性域上的序关系，信息损失最大。

事实上，通过不同的聚类算法对数据集进行记录划分时，可能产生不同的聚簇集合，进而生成的匿名等价类的信息损失也不尽相同，发布的匿名数据集也有所区别。然而，我们通过大量的实验分析比较后发现，基于聚类的匿名化算法比早期的直接基于泛化/隐匿技术的匿名化算法生成的匿名数据集的信息损失要小得多，发布数据的质量明显改善。另外，聚类过程中聚类中心的选择方法不同也将产生不同的聚类结果，我们在设计聚类匿名化算法时充分考虑到聚类中心对聚类结果的影响，采用循环迭代的方式，寻求近似最优的聚类中心，在此基础上进

行数据集的记录划分，以确保聚类结果的稳定性。

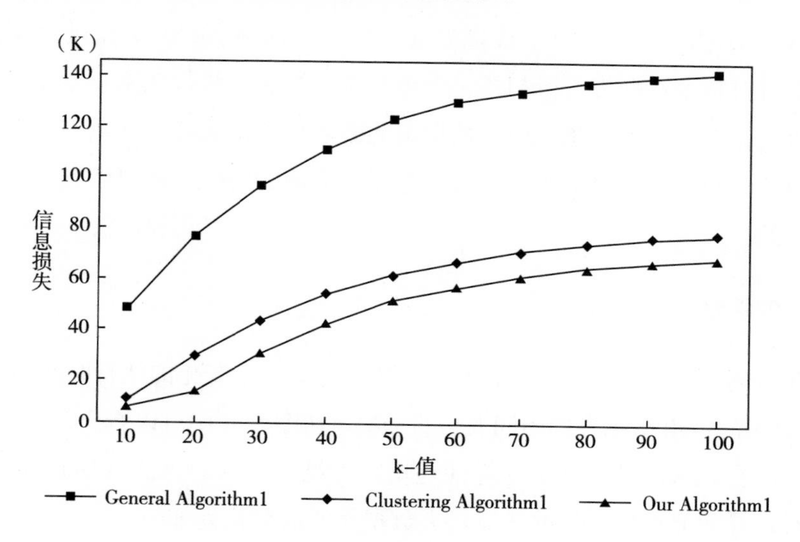

图 3-2　k-值与信息损失（n=40000）

三、执行效率

图 3-3 对三种算法在 k 值递增情况下的执行时间做了比较。从图中可以看出，

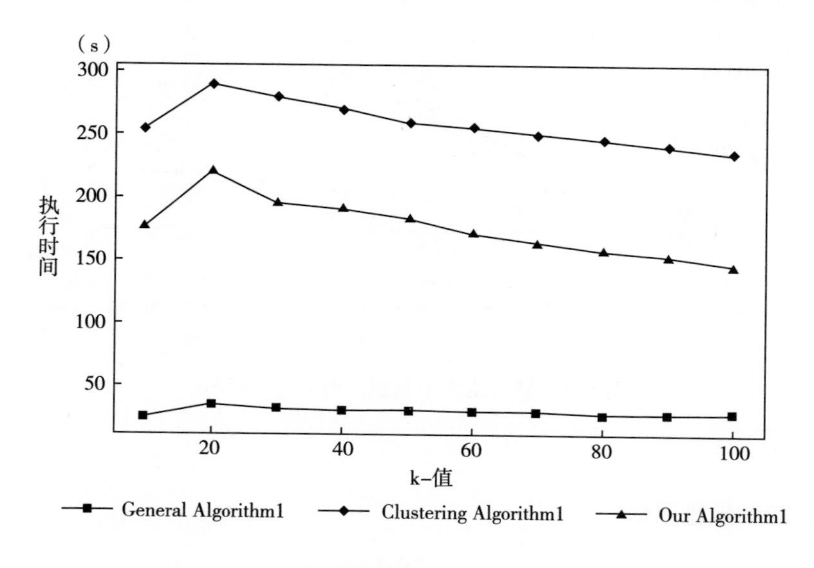

图 3-3　k-值与执行时间（n=40000）

Clustering Algorithm 的执行效率最低，本章的算法（Our Algorithm1）次之，General Algorithm1 执行效率最高。原因在于，Clustering Algorithm1 在进行记录相似性比较时需对整个数据集进行扫描，严重影响了算法的执行效率；本章的算法对此有所改进，但仍不够理想。由于数据集的匿名化处理通常是在离线状态下执行的，我们认为在多数情况下为了改善信息损失方面的情况，该算法花费的时间是可以接受的。

四、伸缩性

图 3-4 对三种算法在 k=50 的情况下随数据集大小变化的执行时间做了比较。实验随机选择 Adult 数据集的不同大小的子集。从图 3-4 中可以看出，三种算法的执行时间几乎均随数据集大小呈线性递增。可见，本章的算法（Our Algorithm1）同样具有较好的伸缩性，能够适应对大数据集的匿名化处理。

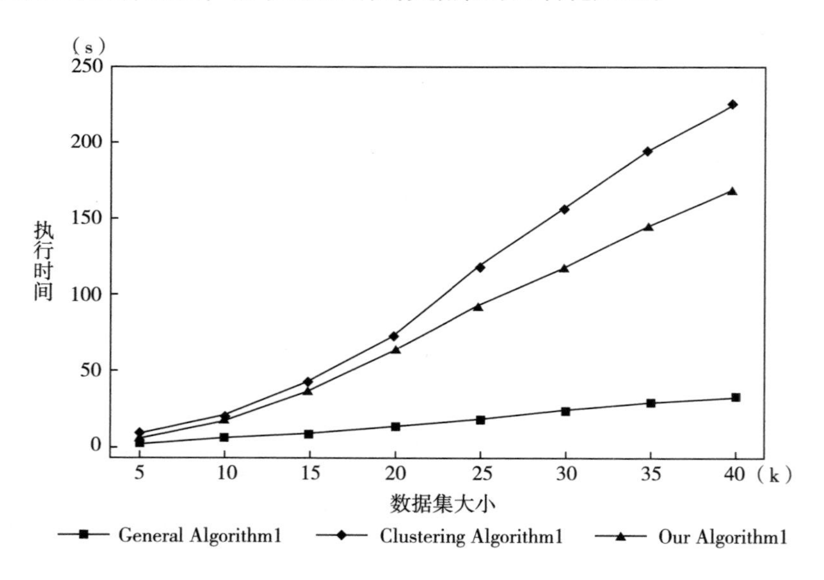

图 3-4　数据集大小与执行时间（k=50）

五、隐私披露风险

由于三种算法在设计时均以 k-匿名模型的定义为依据，其隐私披露风险主要

取决于匿名参数k，因此在匿名参数k取值相同的情况下，三种算法生成的匿名数据集其隐私披露风险是等同的，均为1/k。具体隐私泄露大小比较如图3-5所示，三种算法生成的匿名数据集的隐私泄露量比较接近，随着k值的增加，隐私泄露量逐渐减少。本章提出的基于聚类的k-匿名算法主要是从减少信息损失的角度设计的，在保持隐私披露风险不变的情况下，减少了匿名化过程中产生的信息损失，提高发布数据的可用性。

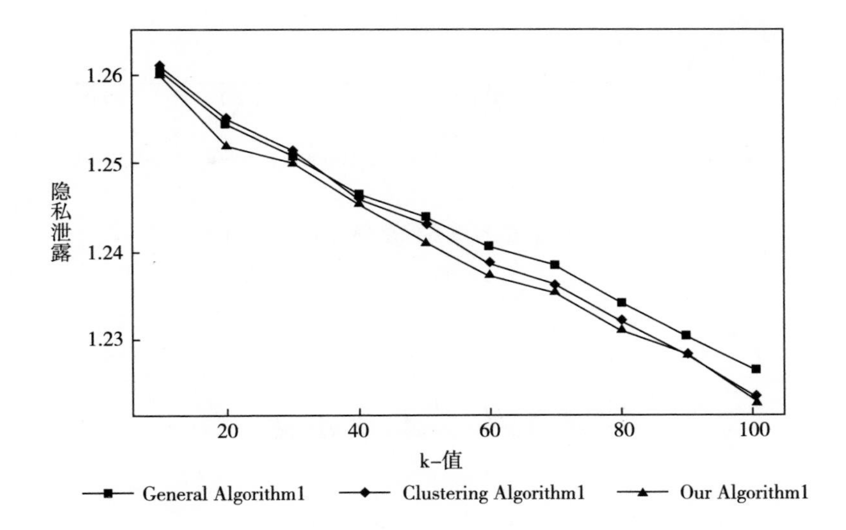

图3-5　k-值与隐私泄露（n=40000）

六、敏感信息熵

图3-6对三种算法在k值递增情况下的敏感信息熵做了比较。从图中可以看出，在匿名参数k取值相同的情况下，三种算法生成的匿名数据集的敏感信息熵非常接近，该结果表明，基于聚类的匿名化算法与基于泛化/隐匿技术的匿名化算法相比，其生成的匿名数据集没有导致敏感属性值的相关统计量发生较大变化，不会产生额外信息的泄露。

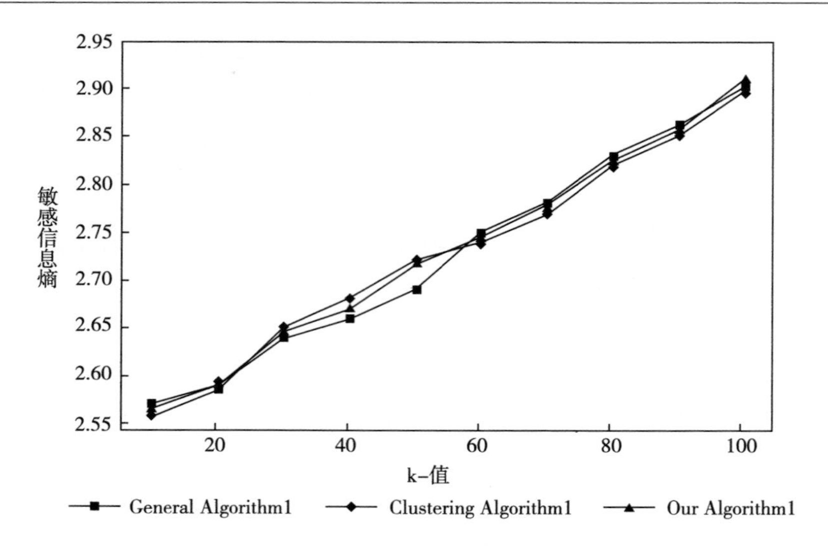

图 3-6　k-值与敏感信息熵（n=40000）

第五节　本章小结

针对现有 k-匿名算法对离群点敏感、信息损失较大的缺点，本章提出了一种新的基于聚类的 k-匿名改进算法，该算法采用“一次”聚类方式；定义了两个有关聚类的重要度量函数，即距离和代价函数，可用于发布数据集的聚类分析和质量度量。该算法可以保证匿名数据集满足 k-匿名模型，能够很好地满足数据发布中的隐私保护需求，防止个体身份信息的泄露。同时，该算法消除了传统数据泛化处理时的概念层次结构限制，采取更为灵活的数据泛化策略；并基于聚类的思想来寻找合适的泛化方案，在实现匿名隐私保护的同时，对离群点不敏感，可以有效地减少数据匿名化过程中所产生的信息损失。

第四章　基于聚类的 l-多样性匿名隐私保护算法

第一节　引言

在社交网络数据发布领域，k-匿名模型经过多年的研究已经形成了较为完善的理论体系。在本书第三章中，研究了基于聚类的 k-匿名隐私保护算法，但由于 k-匿名算法在设计时主要是依据准标识符属性值进行等价类划分，没有考虑等价类内敏感属性值的差异性，容易受到同质性攻击（Homogeneity Attack）和背景知识攻击（Background Knowledge Attack），于是，在 k-匿名模型的基础上，Machanavajjhala 等（2007）提出了 l-多样性（l-diversity）匿名模型。

l-多样性匿名模型是对 k-匿名模型的改进，该模型通过保持等价类内敏感属性值的多样性来提高对个体敏感信息的隐私保护强度，已经成为数据发布应用中一种非常有效的隐私保护技术。Kifer 等（2006）对 l-多样性匿名模型进行了相关理论研究，证明了最优 l-多样性匿名也是 NP 难问题，并提出了一种（l，d）近似算法，执行效率较高，但匿名策略没有改变，匿名化过程中的信息损失依然较大。与 k-匿名算法类似，目前多数 l-多样性匿名算法采用的匿名方法仍然是对准标识符执行泛化/隐匿操作，导致匿名过程依赖于预先定义的泛化层或属性域上的序关系，产生很大的信息损失量，降低了发布数据的可用性。为此，本章将

l-多样性匿名问题视为聚类问题，通过附加 l-多样性匿名条件，提出一种基于聚类的 l-多样性匿名算法：通过聚类技术对原始数据集进行记录划分，进而生成满足 l-多样性匿名约束的 QI 分组，然后对每个 QI 分组采用局域泛化策略进行匿名化处理，有效减少了匿名化过程中产生的信息损失。然而，该算法仅对等价类中不同敏感属性值的个数进行限制，并未考虑敏感属性值的敏感程度和具体分布情况，生成的匿名数据集仍然可能受到相似性攻击和偏斜性攻击；而且，匿名化过程中使用统一的多样性匿名参数 l，可能导致对高敏感属性值保护不足，造成隐私泄露；对低敏感属性值又保护过度，产生不必要的信息损失。于是，在该算法基础上本书做了进一步深入研究，对数据集中敏感属性值的敏感度及其在等价类中的具体分布情况加以约束，提出了一种基于敏感值约束的（l，c）-匿名算法，通过定义最大比率阈值和不同敏感属性值的敏感度来提高发布数据的隐私保护程度，运用聚类技术和局部重编码方法产生匿名等价类以减少信息损失。

理论分析了所提出算法的正确性和安全性，并通过基于标准数据集的实验对提出的基于聚类的 l-多样性匿名算法、基于敏感值约束的（l，c）-匿名算法与已有的经典 l-多样性匿名算法进行了性能比较。实验结果表明，本章所提出的基于聚类的 l-多样性匿名算法可阻止针对敏感属性值的相似性攻击，减少数据匿名化过程中的信息损失，提高发布数据的可用性；改进后的基于敏感值约束的（l，c）-匿名算法可有效地解决针对敏感属性值的相似性攻击和偏斜性攻击问题，在提高隐私保护程度的同时，匿名数据的信息损失显著降低。

第二节　l-多样性聚类算法

根据定义 2.4，在 l-多样性匿名模型中，关于匿名数据集 S^*（A_1，A_2，…，A_n）的任意等价类 e_i（$1\leq i\leq m$）至少包含 l 个“较好表现”（Well-Represented）的敏感属性值，可以有四种不同的解释。

为算法描述的方便，我们仅对第（1）种解释（即差异 l-多样性）进行算法设计与分析，很容易将其推广至其他三种情况。

算法的基本思想是将l-多样性匿名问题视为聚类问题，通过聚类技术将数据对象分成若干簇，使得每个簇至少包含l个互不相同的敏感属性值，同一簇中的对象之间关于已定义的相似性标准具有很高的相似度，而不同簇中的对象之间高度相异；针对每个簇采用局部重编码策略进行匿名化以生成l-多样性匿名等价类。

一、l-多样性聚类问题

传统的聚类过程要求指定具体的簇数目，然而l-多样性问题并不限制簇的数目，而是要求每个簇至少有l条记录具有互不相同的敏感属性值。因此，可以将l-多样性匿名问题视为带有l-多样性条件约束的聚类问题，我们称之为l-多样性聚类问题。

定义4.1（l-多样性聚类问题）　l-多样性匿名聚类问题是将含有n条记录的数据集划分成一系列簇，使得每个簇至少有l（l>1）条记录具有互不相同的敏感属性值，并且要求簇内间距总和最小。形式地，令S为包含n条记录的数据集，l为指定的多样性参数，则l-多样性聚类问题的最优解是产生满足以下条件的簇的集合$E=\{e_1, \cdots, e_m\}$：

第一，$\forall_{i\neq j} \in \{1, \cdots, m\}$，$e_i \cap e_j = \varnothing$，即任意两个簇的记录互不相交；

第二，$\cup_{i=1,\cdots,m} e_i = S$，即所有簇中记录的并集为原始数据集；

第三，$\forall e_i \in E$，$|A_{e_i}| \geqslant l$，即每个簇中至少有l个不同的敏感属性值；

第四，$\Sigma_{k=1,\cdots,m} |e_k| \times Min_{i,j=1,\cdots,|e_k|} \Delta(p(k, i), p(k, j))$是最小的，即簇内间距总和最小。

其中，$|A_e|$表示簇e中不同敏感属性值的个数，$|e|$表示簇e的大小，$p(k, i)$表示簇e_k中的第i条记录，$\Delta(x, y)$表示数据记录x和y之间的距离。

二、代价函数

由于l-多样性聚类问题的最终目标是实现发布数据的l-多样性匿名，即每个簇中的记录都将被泛化成相同的准标识符属性值，形成一个匿名等价类。假定数值型属性值被泛化成区间［最小值，最大值］，分类型属性值被泛化成不同属性值的集合。由于在匿名化过程中，无论是数值型数据还是分类型数据都被转化为一个较为模糊的值，在一定程度上保护了相应数据的隐私，同时也产生了一定量的信息损失，且泛化后的数值区间（或集合）越大，真实数据的可辨别能力越差，信息损失也就越大。为此，定义代价函数以度量泛化处理所产生的信息损失量：

定义 4.2（等价类信息损失）　令 S 为原始数据集，$QI=\{N_1, \cdots, N_m, C_1, \cdots, C_n\}$ 为数据集 S 的准标识符，其中，N_i（$i=1, \cdots, m$）为数值型属性，C_j（$j=1, \cdots, n$）为分类型属性，T_{C_j} 为分类型属性 C_j 域的分类树，对于任意簇 $e=\{r_1, \cdots, r_k\}$，Min_{N_i} 和 Max_{N_i} 分别为簇 e 中数值型属性 N_i 的最小值和最大值，$\cup_{C_j}$ 表示簇 e 中分类型属性 C_j 不同属性值的集合，对簇 e 进行泛化处理所产生的信息损失 IL（e）定义为：

$$IL(e)=|e|\times\left(\sum_{i=1, \cdots, m}\frac{(Max_{N_i}-Min_{N_i})}{|N_i|}+\sum_{j=1, \cdots, n}\frac{W(\Lambda(\cup_{C_j}))}{W(T_{C_j})}\right) \tag{4-1}$$

其中，$|e|$表示簇 e 的大小，$|N_i|$表示数值域 N_i 的大小，Λ（$\cup_{C_j}$）表示分类树中以 $\cup_{C_j}$ 中所有分类值的最小公共祖先为根的子树，W（T_{Cj}）表示分类树 T 的层间距离总和。

基于等价类信息损失的定义，匿名数据集的信息损失定义如下：

定义 4.3（总计信息损失）　令 $E=\{e_1, \cdots, e_m\}$ 为匿名数据集 S^* 的等价类的集合，则匿名数据集 S^* 的信息损失定义为每个等价类的信息损失之和，即：

$$\text{Total-IL}(S^*)=\sum_{e\in E}IL(e) \tag{4-2}$$

由于 l-多样性聚类问题的代价函数是所有簇内距离总和，其中簇内距离定义为簇内最远数据点之间的距离。于是，对簇内记录进行泛化处理时，最小化信息损失就等同于 l-多样性聚类问题中最小化代价函数，因此聚类处理时需最小化的代价函数即为 Total-IL。

三、算法设计

对 l-多样性匿名聚类问题最优解的穷尽搜索法具有指数级的复杂度，针对问题的困难度，我们基于聚类技术提出一个简单有效的启发式 l-多样性匿名算法。其基本思想为：

第一步，对于给定的含有 n 条记录的数据集，根据其敏感属性值通过哈希技术将其记录分别存放到不同分组中，使得每个分组中记录的敏感属性值相同，并按分组大小（即所含记录数）降序排列。

第二步，从最小非空分组中任选一条记录 r_i 并将其单独作为一个簇 e；然后按非空分组从大到小顺序逐一选取记录 r_j 加入簇 e 中，使得信息损失 IL（$e \cup r_j$）最小，重复上述操作，直到 $|e|=l$；当簇 e 中记录个数达到 l 时，再从最小非空分组中任选一条记录重复上述聚类过程，直到剩余非空分组个数小于 l 为止。

第三步，将剩余非空分组中的记录逐个插入到已生成的簇中，使得增加的信息损失最小。

第四步，对于生成的每个簇，采用局域泛化策略进行匿名化处理。

具体算法过程如下：

算法 4.1　l-多样性匿名聚类算法

输入：原始数据集 S 和多样性参数 l

输出：匿名数据集 S^*，其中每个等价类至少包含 l 个互不相同的敏感属性值

步骤 1，对数据集 S 根据记录的敏感属性值构建分组集合 $H=\{h_1, h_2, \cdots\}$，每个分组中的敏感属性值相同；根据所含记录数将其按降序排列，并将所有分组标记为可用。

步骤 2，如果分组的个数小于 l，则返回。

步骤 3，令簇集 $result=\phi$。

步骤 4，当非空分组个数不小于 l 时，循环执行：

（1）从最小非空分组 h_{min} 中任选一条记录 r。

（2）$e=\{r\}$。

（3）$h_{min}=h_{min}-\{r\}$。

（4）当簇 e 中记录个数小于 l 时，循环执行：

1）从最大可用非空分组 h_{max} 中选取一条记录 r，使其加入簇 e 后增加的信息损失最小。

2）$e=e\cup\{r\}$。

3）$h_{max}=h_{max}-\{r\}$。

4）将该分组 h_{max} 标记为不可用。

（5） result = result ∪ e。

（6）将所有非空分组标记为可用。

步骤 5，当 H 中有非空分组时，循环执行：

（1）从非空分组 h_i 中任选一条记录 r。

（2）从簇集 result 中选取一个簇 e，使 r 加入其中后增加的信息损失最小。

（3） e = e ∪ {r}。

（4） $h_i = h_i - \{r\}$。

步骤 6，匿名化簇集 result，返回匿名数据集 S^*。

四、算法分析

1. 正确性分析

不难看出，如果数据集 S 中不同敏感属性值的个数不小于 l，则基于聚类的 l-多样性匿名算法 4.1 输出的匿名数据集 S^* 可以保证满足 l-多样性匿名模型的要求。实际上，当步骤 4 完成时，算法已经得到簇的集合 result，而且 result 中的每个簇恰好含有 l 条记录，它们的敏感属性值各不相同，即满足了 l-多样性匿名模型的基本要求。随后的步骤 5 继续保持了簇中至少有 l 个不同的敏感属性值这一结果，直至 S 中余下的所有记录都被归入一个簇中。

因此，步骤 1~步骤 5 执行完毕后，每个簇的大小至少为 l，且至少含有 l 个互不相同的敏感属性值，满足了 l-多样性匿名模型要求。

最后，步骤 6 将每个簇按照一定规则泛化成为一个等价类，从而得到满足 l-多样性匿名模型要求的匿名数据集 S^*。

2. 复杂性分析

设原始数据集 S 中的记录数目为 $|S| = n$，准标识符维数为 $|QI| = d$，算法在步骤 4 完成后得到 $|result| = m$ 个簇。不难看出，有 $1 \leqslant m \leqslant n/l$（$l > 1$）。

算法在步骤 1 检查 S 中不同敏感属性值的个数。这一步只需扫描 S 一遍，执行时间为 O（n）。

算法在步骤 4 中，每得到一个新的簇 e，至多扫描 S 一遍，并计算在准标识符 QI 上的相应距离。易知，每次生成一个簇的时间不超过 O（dn）。共生成 m 个簇，因此步骤 4 的执行时间为 O（dmn）。

因为步骤4结束时得到m个簇，每个簇中恰好有l条记录，故剩余n-lm个元组。因此，算法步骤5的执行次数至多为n-lm。每次循环要扫描result一遍，并计算在准标识符QI上的相应距离，执行时间为O（dm）。所以，步骤5的执行时间为O（dm（n-lm））。

算法在步骤6生成匿名数据集时，需扫描所有记录一次，同时替换记录在准标识符上的属性值，故执行时间为O（dn）。

因此，算法4.1的总体执行时间为$O(n)+O(dmn)+O(dm(n-lm))+O(dn)=O(dmn)$。因为$m \leqslant n/l$，所以在最坏的情况下，算法4.1的时间复杂度为$O(dn^2/l)$。

3. 安全性分析

算法4.1在生成每个簇时，首先从最小非空分组中随机选取一条记录r作为新的簇e的种子记录，然后按非空分组从大到小的顺序逐一选取记录来生成满足l-多样性的簇（在实际应用中，数据集敏感属性值的分布情况并非均匀，通常敏感度高的记录数量相对较小，而敏感度低的记录数量相对较大），如此生成的簇中高敏感度属性值群集出现的概率大大降低，从而避免或减少了针对敏感属性值的相似性攻击。

然而，该算法仅从概率统计角度侧面反映了敏感属性值的敏感度问题，并未考虑簇中敏感属性值的具体分布情况，可能出现簇中某一敏感属性值占绝对优势的情况，因而生成的匿名数据集S^*仍存在偏斜性攻击的风险，这是由于l-多样性匿名模型本身的局限性造成的。

而且，整个数据集在匿名化过程中使用统一的多样性匿名参数l，可能导致对有些敏感属性值（如高敏感属性值）保护不足，造成隐私泄露；对有些敏感属性值（如低敏感属性值）又保护过度，产生不必要的信息损失。

因此，为避免偏斜性攻击的发生，减少匿名化过程中的信息损失，提高发布数据的质量，本章在下一节中对该算法进行了改进，对数据集中敏感属性值的敏感度及其在等价类中的具体分布情况加以约束，提出了一种基于敏感值约束的（l，c）-匿名算法，通过定义最大比率阈值和不同敏感属性值的敏感度来提高发布数据的隐私保护程度，运用聚类技术和局部重编码方法产生匿名等价类以减少匿名数据的信息损失。

第三节　基于敏感值约束的（l，c）-匿名算法

一、基于敏感值约束的（l，c）-匿名问题

定义4.4（（l，c）-匿名）如果匿名表 S^*（q_1，q_2，…$q_{m,s}$）满足 l-多样性匿名条件，且等价类中敏感属性值出现的最大比率不超过阈值 c（0<c<1），其中 q_1，q_2，…，q_m 为准标识符属性，s 为敏感属性，称匿名数据表 S^* 是（l，c）-匿名的。

（l，c）-匿名通过限制等价类中敏感属性值出现的最大比率来阻止针对敏感属性值的偏斜性攻击，但仍存在相似性攻击的风险。为此，定义各敏感属性值的敏感度（见表4-1），使敏感度较高的值分布于不同的等价类中，从而阻止对高敏感属性值的相似性攻击。

为减小对高敏感度属性值的概率推理攻击和降低匿名化处理所造成的信息损失，对不同敏感度的敏感属性值设置不同的 l-多样性参数值，通常将敏感度高的属性值设置较大的 l-多样性参数值，敏感度低的属性值设置较小的 l-多样性参数值。我们称赋予不同敏感度和 l-多样性参数值的（l，c）-匿名为基于敏感值约束的（l，c）-匿名。

表4-1　敏感属性值的敏感度及 l-值

疾病	敏感度	l-值
流行感冒	0.10	2
肥胖症	0.40	3
胃炎	0.50	4
艾滋病	0.90	6
癌症	0.95	7

二、算法设计

基于上述概念，我们提出一种新的基于敏感值约束的（l，c）-匿名算法，该算法具有较小的信息损失。在数据记录聚类过程中，以满足基本（l，c）-匿名约束为前提，以最小化信息损失为目标，使同一簇中的数据记录之间高度相似，最大限度地减小因匿名化处理所带来的信息损失。

需要指出的是，由于匿名约束条件是对敏感属性值的约束，因此聚类过程中数据记录间的相似性度量仅仅与准标识符属性有关，而不再考虑其敏感属性值。

算法可分为四步，基本思想为：

第一步，将数据集按敏感属性值分成若干个组，每个分组存放同一敏感属性值的数据记录，对分组按敏感属性值的敏感度降序排列；

第二步，为阻止相似性攻击，从敏感度高的分组中任选一条记录作为聚簇的种子记录，然后按敏感度由低到高从相应分组中各取一条记录建立 l-多样性聚簇，重复执行该操作，直到没有满足 l-多样性条件的记录存在；

第三步，将剩余记录以最小化信息损失和满足敏感属性值最高频率约束 c 为原则插入到已有聚簇中，当聚簇中记录数达到一定条件时执行聚簇分裂操作，但分裂后的聚簇仍需满足（l，c）-匿名条件；

第四步，在每个聚簇上对准标识符执行泛化处理产生匿名数据表。

算法过程如下：

算法 4.2　基于敏感值约束的（l，c）-匿名算法

输入：原始数据集 S，每个敏感属性值的敏感度（s_1，s_2，…）、多样性参数（l_1，l_2，…）以及最高比率约束参数 c

输出：匿名数据表 S^*，其中每个等价类至少包含 l_i 个不同的敏感属性值（l_i 值由相应聚簇中敏感度最高的属性值确定）并满足最高比率约束条件 c

步骤 1，根据敏感属性值建立分组，将分组按敏感属性值敏感度降序排列，不失一般性地，假定分组顺序为 h_1，h_2，…，相应的多样性参数为 l_1，l_2，…。

步骤 2，若分组的总数小于 Max（l_1，l_2，…），则返回。

步骤 3，初始化聚簇集 result = ϕ。

步骤 4，对于每个非空分组 h_i（敏感度高者优先），若非空分组总数不小于 l_i，循环执行：

（1）从 h_i 中随机选取一条记录 r。

（2）$e=\{r\}$。

（3）$h_i=h_i-\{r\}$。

（4）按敏感度从小到大顺序从 l_i-1 个分组中各取选取一条记录，使得加入聚簇 e 增加的信息损失最小。

（5）将选取的记录从相应分组中移除。

（6）$result=result\cup e$。

步骤 5，若存在非空分组，循环执行：

（1）从非空分组 h 中任选一条记录 r。

（2）从聚簇集 result 中选取一个聚簇 e，使 r 加入其中后增加的信息损失最小并满足最高比率约束条件 c。

（3）$e=e\cup\{r\}$。

（4）$h=h-\{r\}$。

（5）在满足（l，c）-匿名条件下对聚簇 e 执行分裂操作，以减少信息损失。

步骤 6，对聚簇集 result 执行匿名化处理，并返回匿名结果 S^*。

三、算法讨论

算法 4.2 的步骤 5，将剩余记录插入到已有聚簇中，若从敏感属性值多样性角度考虑（即安全性角度），可首选不包含待插入记录敏感属性值的聚簇，再考虑插入后产生的信息损失最小化。当然，这是一个数据隐私与信息损失两者之间的合理平衡问题，在不同的应用环境下，可能会作出不同的选择。

算法 4.2 和算法 4.1 主要针对分类型敏感属性进行设计，对于数值型敏感属性该算法同样适用，但由于数值型敏感属性值相对较为分散，使用该算法将产生大量信息损失。因此，对于数值型敏感属性，通常先按一定规则对其进行离散化处理，形成若干互不相交的区间，将每个区间看作一个分类值，再通过该算法进行聚类匿名化处理，算法过程不再赘述。

四、算法分析

1. 正确性分析

不难看出，如果数据集 S 中不同敏感属性值的个数不小于 Max（l_1,l_2，…），则算法 4.2 输出的匿名数据集可以保证满足（l_i，c）-多样性匿名的要求（l_i 值由相应等价类中敏感度最高的属性值确定，下同）。实际上，当步骤 4 完成时，算法已经得到簇的集合 result，而且 result 中的每个簇恰好有 l_i 条记录，它们的敏感属性值各不相同，即达到了（l_i，c）-多样性匿名模型的基本要求。随后的步骤 5 继续保持了（l_i，c）-多样性约束条件，直至 S 中余下的所有记录都被归入一个合适的簇中。

因此，步骤 1~步骤 5 执行完毕后，每个簇的大小至少为 l_i，且至少含有 l_i 个互不相同的敏感属性值，满足了（l_i，c）-多样性匿名模型要求。

最后，步骤 6 将每个簇按照一定规则泛化成为一个等价类，从而得到满足（l_i，c）-多样性要求的匿名数据集 S^*。

2. 复杂性分析

设原始数据集 S 中的记录数目为 $|S|=n$，准标识符维数为 $|QI|=d$，敏感属性值个数为 s，算法在步骤 4 完成后得到 $|result|=m$ 个簇。不难看出，有 $1\leq m\leq n/l$（$l=\min$（l_1，l_2，…）>1）。

算法在步骤 1 检查 S 中不同敏感属性值的个数。这一步只需扫描 S 一遍，执行时间为 O（n）。

算法在步骤 4 中，每得到一个新的簇 e，至多扫描 S 一遍，并计算在准标识符 QI 上的相应距离。易知，每生成一个簇的时间不超过 O（dn）。共生成 m 个簇，因此步骤 4 的执行时间为 O（dmn）。

因为步骤 4 结束时得到 m 个簇，每个簇中恰好有 l_i 条记录，故最多剩余 n-lm 条记录。因此，算法在步骤 5 的执行次数至多为 n-lm。每次循环要扫描 result 一遍，并计算在准标识符 QI 上的相应距离，执行时间为 O（dm）。所以，步骤 5 的执行时间为 O（dm（n-lm））。

算法在步骤 6 生成匿名数据集时，需扫描所有记录一次，同时替换记录在准标识符上的属性值，故执行时间为 O（dn）。

因此，算法 4.2 的总体执行时间为 $O(n)+O(dmn)+O(dm(n-lm))+O(dn)=O(dmn)$。因为 $m\leq n/l$，所以在最坏的情况下，算法 4.2 的时间复杂度为 $O(dn^2/l)$。

3. 安全性分析

算法 4.2 是基于 l-多样性匿名模型设计的，因此能够抵抗背景知识攻击和同质性攻击。该算法在生成每个簇时，由于种子记录是从当前敏感度最高的分组中选取，簇成员依次从敏感度最低、敏感度较低的分组中选取，避免了簇中高敏感度属性值的群集出现，阻止了相似性攻击的发生。

而且，由于对簇中敏感属性值出现的最高比率阈值进行了定义，不至于出现簇中某一敏感属性值占绝对优势的现象，因此能够有效抵抗针对敏感属性值的偏斜性攻击，保障了发布数据的安全。

此外，由于高敏感度的属性值所在的等价类具有较大的多样性参数值，低敏感度的属性值所在的等价类具有较小的多样性参数值，因而减少了匿名化过程中因使用统一的多样性参数 l 所造成的信息损失。

第四节　实验结果与分析

实验的目标是考查本章算法 4.1 和算法 4.2 的各项性能，如匿名数据对于攻击的脆弱性、匿名数据的数据质量、算法的执行效率和算法的伸缩性等。会客观地将本章的基于聚类的 l-多样性匿名算法（Our Algorithm2）和基于敏感值约束的（l，c）-匿名算法（Our Algorithm3），与 Machanavajjhala 等（2007）提出的基于全域泛化的 l-多样性匿名算法（General Algorithm2）做比较。

一、实验环境

实验同样采用 UCI 机器学习数据库中的 Adult 数据集验证本算法的性能，同样采用 Machanavajjhala 等（2007）使用的数据预处理方法，删除含有缺失值的数据记录，得到的数据集包含 45222 条数据记录，从中随机选取 40000 条记录构成实验数据集 S，保留 9 个属性（年龄、性别、种族、受教育程度、婚姻状况、国

籍、工作类别、职业、工资类别)。我们将属性集{年龄、工作类别、受教育程度、婚姻状况、种族、性别、国籍、工资类别}作为准标识符，其中 age 和 education 为数值型属性，其余 6 个属性为分类型，将“职业”作为敏感属性，共有 14 个不同的敏感属性值，其敏感度及 l-值设置如表 4-2 所示。

表 4-2 敏感度及 l-值设置

序号	职业	敏感度	l-值
1	军人	0.95	10
2	执行经理	0.90	10
3	专业技术	0.85	9
4	安保服务	0.80	8
5	私人家居服务	0.80	8
6	运输业	0.70	8
7	技术支持	0.65	7
8	农业渔业	0.60	7
9	机器检验	0.50	6
10	清洁工	0.40	5
11	修理工	0.30	4
12	文秘	0.20	3
13	其他服务	0.10	2
14	销售	0.10	2

实验运行环境为：CPU：Intel（R）Core（TM）i7－6500U @ 2.50GHz，RAM：8G，软件环境：Windows 7 操作系统；开发语言：Anaconda3；数据库管理系统：SQL Server 2012。

二、攻击脆弱性

图 4-1 和图 4-2 对三种算法受偏斜性攻击的脆弱性（即受偏斜性攻击的等价类所占的比例，我们认为敏感属性值的最高比率超过阈值 c 的等价类存在偏斜性攻击的风险）的情况进行了比较。从图中可以看出，基于敏感值约束的（l，c）-匿名算法（Our Algorithm3）能够有效地阻止针对敏感属性值的偏斜性攻

击。Our Algorithm2 和 General Algorithm2（假定 l=7）最高比率约束 c-值越小，受到偏斜性攻击的记录越多；l-值越小（假定 c=0.4），受到偏斜性攻击的记录也越多。原因在于，Our Algorithm2 和 General Algorithm2 没有对敏感属性值在等价类中出现的比率加以约束，可能造成簇中高敏感属性值群集出现。

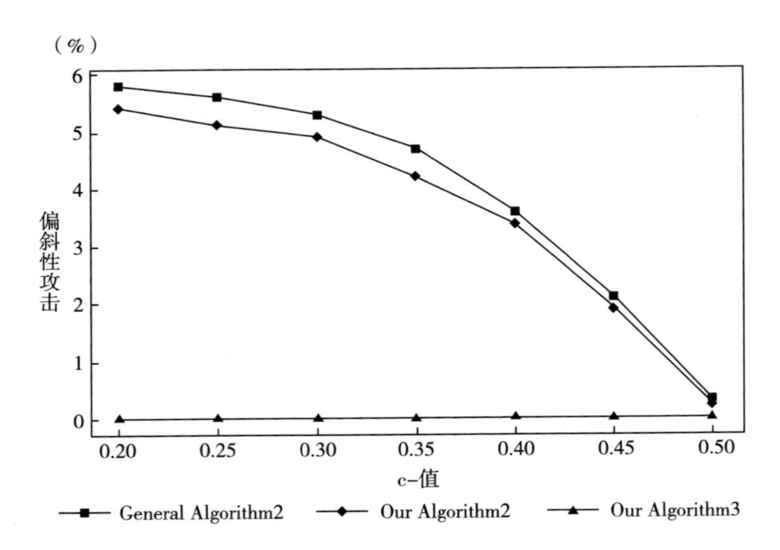

图 4-1 偏斜性攻击脆弱性比较（l=7）

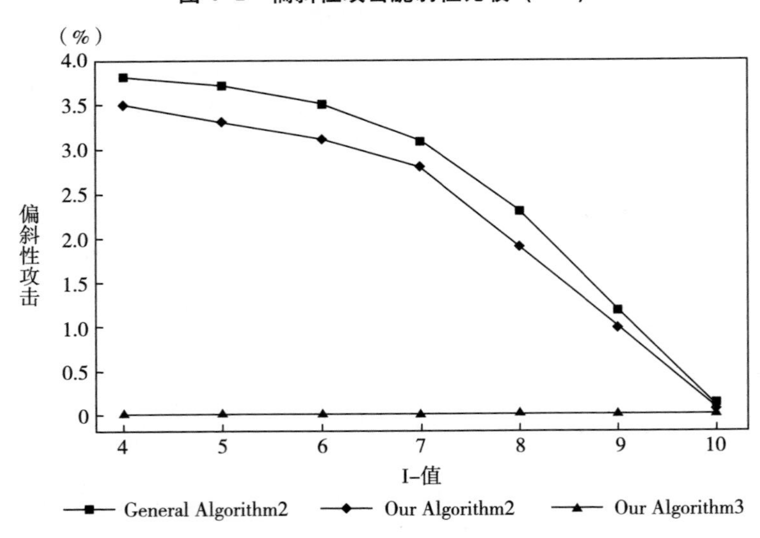

图 4-2 偏斜性攻击脆弱性比较（c=0.4）

图 4-3 对三种算法受相似性攻击的脆弱性（即受相似性攻击的等价类所占的比例，我们认为敏感度在 0.8 及以上的敏感属性值的比率超过 1/2 的等价类存在相似性攻击的风险）的情况进行了比较。从图中可看出，基于敏感值约束的（l，c）-匿名算法（Our Algorithm3）和 Our Algorithm2 能够有效地阻止针对敏感属性值的相似性攻击，而 General Algorithm2 受相似性攻击的比率相对较大，但随着多样性参数 l-值的递增变化，受相似性攻击的比率逐渐减小。原因在于，General Algorithm2 在进行等价类划分时仅考虑敏感属性值的多样性，并未对等价类中敏感属性值的敏感度及其具体分布做任何约束。

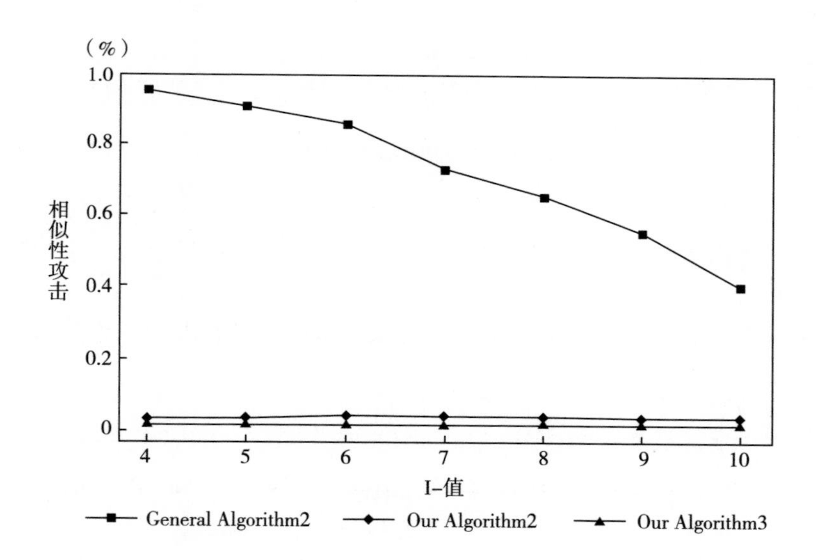

图 4-3　相似性攻击脆弱性比较（c=0.4）

三、数据质量

图 4-4 对三种算法生成的匿名数据集的信息损失情况进行了比较。从图中可以看出，本章的算法（Our Algorithm2 和 Our Algorithm3）相对于 General Algorithm2 产生较小的信息损失。原因在于本章的算法通过聚类技术生成等价类，能够充分利用数据间的相似性，且采用局域泛化策略，而 General Algorithm3 采用全域泛化策略，其信息损失通常都要远高于局部重编码方案。

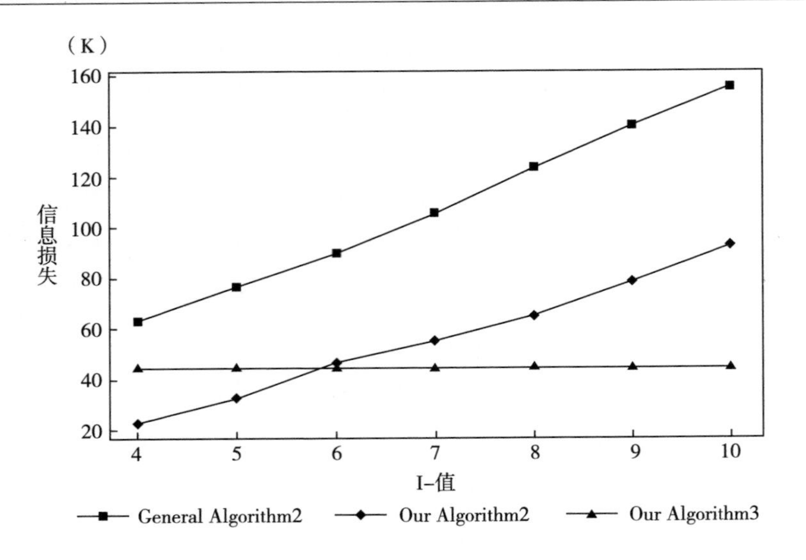

图 4-4 信息损失比较（c=0.4）

四、执行效率

图 4-5 对三种算法执行时间进行了比较。从图中可看出，本章的算法（Our

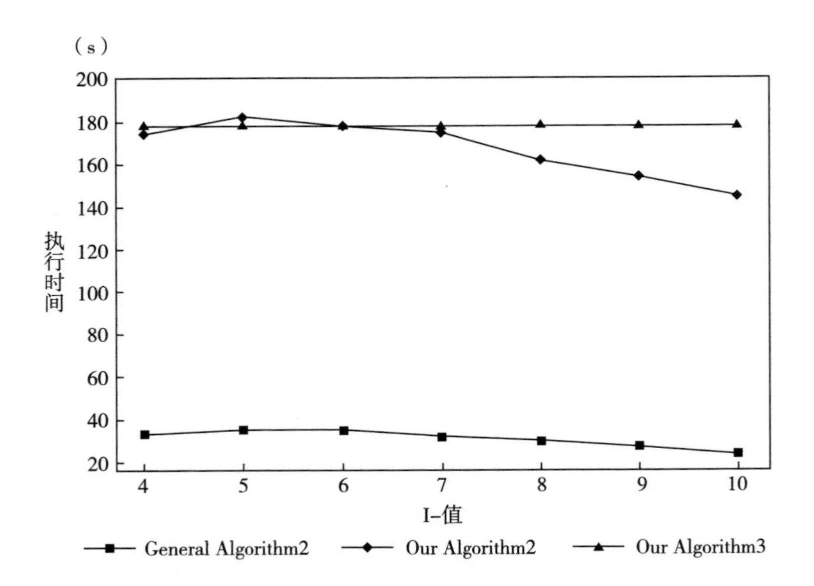

图 4-5 执行时间比较（c=0.4）

Algorithm2 和 Our Algorithm3）的执行时间高于 General Algorithm2，原因在于本章的算法在生成等价类时不仅要考虑敏感属性值的敏感度，还要对敏感属性值在等价类中出现的最高比率加以限制。然而，数据集的匿名化处理通常是在离线状态下执行的，我们认为在多数情况下，为了更好地保护隐私、减少信息损失、提高发布数据的可用性，该算法的时间开销是可以接受的。

五、伸缩性

图 4-6 对三种算法在 l=7 情况下随数据集大小变化的执行时间做了比较，实验采用随机选择的 Adult 数据集的不同大小的子集。从图中可看出，三种算法的执行时间均随数据集大小几乎呈线性递增。可见，本章的算法（Our Algorithm2 和 Our Algorithm3）同样具有较好的伸缩性，能够适应对大数据集的匿名化处理。

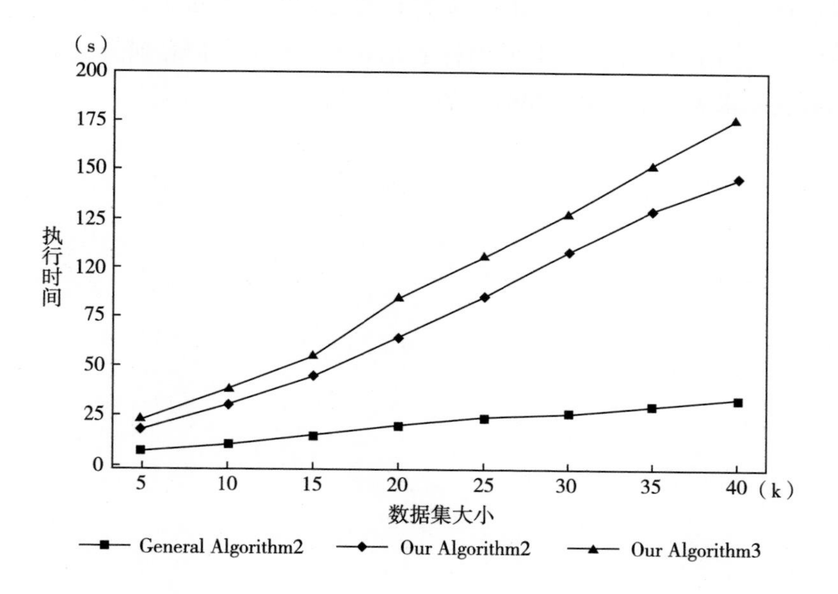

图 4-6　数据集大小与执行时间（l=7，c=0.4）

第五节　本章小结

针对差异l-多样性匿名模型存在的相似性攻击和偏斜性攻击问题，我们通过将l-多样性匿名问题转化为l-多样性聚类问题，提出两种基于聚类的l-多样性匿名算法，即算法4.1和算法4.2。该算法可以保证匿名数据集满足l-多样性匿名模型要求，能够很好地满足数据发布中的隐私保护需求，与一般k-匿名算法相比，安全性更高；与现有l-多样性匿名算法相比，通过对不同敏感属性值定义不同的隐私保护等级，赋予不同的l-多样性参数值，并限制等价类中敏感属性值出现的最高比率，提高了发布数据的安全性；通过聚类技术建立等价类，并采用局部重编码方案对准标识符属性值进行匿名化处理，减少了信息损失。基于标准数据集的实验结果表明本章算法是有效的和可行的。

第五章　基于数据效用的l-多样性匿名算法

第一节　引言

匿名化是移动社交网络数据发布领域中实现隐私保护的有效方法，理想的数据匿名化算法既保护了个体的隐私，又能使发布的数据具有较高的可用性，即能够满足数据分析、数据挖掘、科学研究等的需要。然而，目前对匿名化隐私保护技术的研究主要集中于如何设计更好的匿名化原则，使其具有更强的隐私保护能力，以及针对特定匿名化原则如何设计更“高效”的匿名化算法，面向具体应用的匿名化方法研究得却很少。

本书在第三章和第四章中提出的基于聚类的k-匿名算法和l-多样性匿名算法仅仅是从减少信息损失、提高数据安全性和算法执行效率的角度展开研究的，并未考虑发布数据的具体应用领域，因而很难保证在具体应用中该数据集能够具有较高的数据效用。Kifer和Gehrke（2006）研究了匿名数据的效用问题，形式化地定义了匿名数据的效用度量，提出了如何在数据匿名化过程中保持数据效用的一般方法，并指出按照现有信息损失度量方法，匿名数据的信息损失量大小与数据效用高低之间并无直接的决定关系，即匿名数据的信息损失量越小，其数据效用未必就一定越高；Xu等（2006）提出一种通过局部重编码的方式进行数据匿名化，以减少信息损失、提高数据效用；Rastogi 等（2007）等研究了匿名数据发布中的隐私保护与数据效用的合理平衡问题；Domingo 和 Rebollo（2009）从信息论的角度研究了匿名数据的隐私披露风险与数据效用之间的关系，并给出了一种平衡隐私与数据效用的匿名模型；Tao 等（2009）提出一种支持边缘数据发布、兼顾数据效用的数据泛化方法；Liu 和 Wang（2010）同时考虑了敏感属性值的敏感度以及匿名数据的效用问题，并提出了有效的匿名方案；朱青等（2010）提出了一种有效的匿名算法，使得匿名数据在保护隐私的同时仍然能够保持较高的数据查询能力；Oliveira 和 Zaane（2003）等研究了隐私保护聚类问题；Fung 等（2009）研究了如何设计有效的匿名算法，使得匿名数据能够更好地用于聚类分析；Dinur 和 Nissim（2003）等研究了匿名数据的查询问题，Navarro（2012）提出了一种基于微聚类的 k-匿名算法，既保护了查询日志中用户的隐私信息，又满足了在查询日志上执行数据挖掘任务的需要；等等。

由于目前提出的多数匿名化算法是基于泛化/隐匿技术，发布的数据集不可避免地产生信息损失，影响了数据的可用性。如何根据特定匿名化原则来设计匿名化算法，使其对发布数据的可用性的影响尽可能地小，是本章研究的出发点和归宿。

没有哪一种匿名算法能够满足所有的数据库应用，本章主要针对匿名数据在数据分类挖掘方面的应用，探讨如何设计有效的匿名化算法，使得匿名数据的信息损失更小，并且基于匿名数据建立的分类模型如何产生更好的数据分类效果。

第二节　面向数据分类应用的 l-多样性匿名算法

分类在数据挖掘中是一项非常重要的任务，在现实生活中也是一个普遍存在的问题，具有广泛的应用领域。例如，在医疗诊断中，分类可以根据患者的症状判断可能患了什么疾病，采用什么治疗方案或什么药物比较好；在银行信贷中，分类可以根据客户的基本资料预测客户的可能信用风险，判断是否适于放贷；在市场调查中，分类可以预测哪些客户最具有消费倾向、哪些客户又最易于流失，

从而采取不同的营销策略；等等。

分类的任务是通过分析由已知类别（类标号）的数据对象组成的训练数据集，建立能够描述并区分数据对象类别的分类函数、分类模型或分类器。分类的目的是利用分类模型预测未知类别的数据对象所属的类别。

目前，分类模型的建立主要是基于精确的原始数据集，然而为了实现对数据集中个体敏感属性值的隐私保护，比较有效的方法之一是将数据集进行匿名化处理后进行发布，在此基础上再进行分类模型的构建。因此，如何对数据集进行匿名化处理，既能保护个体隐私，又能使发布的匿名数据对分类模型构建的影响尽可能小，将是值得研究的问题。

关于在模糊数据集上进行分类模型构建的研究也出现很多，大多是基于扰动技术对原始数据进行保护，会影响数据的真实性。例如，Agrawal 和 Srikant（2000）提出了一种用于保护隐私的分类挖掘算法，该算法通过添加随机偏移量的方法对原始数据进行变换，然后用一种基于贝叶斯理论的迭代方法来估计真实数据的分布，利用该分布生成分类决策树，主要用于连续型的数值数据；Du 和 Zhan（2003）提出了基于随机响应技术的隐私保护分类挖掘算法，但是仅仅适用于记录属性值为布尔型的数据（其他类型的数据需要预先布尔化），而且隐私保护程度也较差；葛伟平等（2006）对上述方法进行了改进，基于转移概率矩阵提出了一种具有隐私保护功能的分类挖掘算法，可以适用于非字符型数据（布尔类型、分类类型、数字类型等）和非均匀分布的原始数据，该算法在变换后的数据集上构造的分类树具有较高的精度；等等。

数据扰动算法执行效率较高，但数据存在不同程度的失真。本章主要研究通过匿名化技术对数据进行模糊处理，使其既保持数据的真实性，又有利于分类模型的构建。

匿名化方法对于连续型和离散型数据都适用，该方法最大的优点是它的灵活性，它并没有规定数据扰动的过程，只是规定了扰动需要达到的目标，具体过程可以根据具体需要来选择。

在数据分类挖掘中应用匿名化技术，不再要求匿名数据的信息损失量最小，而是要求对数据分类应用的影响最小。最近，研究者开始利用这一点开发面向数据分类挖掘应用的匿名化处理方法。

Wang 等（2005）提出一种面向数据分类的匿名算法，该算法采用自底向上逐步泛化的方式，但该算法只能处理分类型数据（数值型数据需要预先离散化）；后来该研究小组对上述匿名算法进行了改进，提出采用自顶向下逐步特化的方式（Wang 等，2005），使用单维泛化策略，执行效率较高、分类能力较强；随后又进行了改进，扩展至数值型数据（Fung 等，2005）。

Fung 等（2007）使用一种自顶向下逐步求精的方式来实现对于数据集的 k-匿名处理。该算法可同时处理分类型和数值型数据，在数据处理过程中考虑了分类决策树的生成，使用启发式方法搜索合适的匿名方案，使得匿名过程对于 ID3 分类算法的影响尽可能地小。

Kisilevich 等（2010）提出一种基于多维隐匿的方法，首先在原始数据上生成决策树，其次用这个决策树来指导 k-匿名处理，通过隐匿部分区域来提高分类能力。

Lefevre 等（2005）提出一种基于多维泛化的匿名方法，后扩展为基于信息增益的多维泛化的匿名方法，分类精度明显提高。

上述基于多维泛化的匿名方法也存在一定的缺陷，可能会产生不一致的泛化域，从而影响匿名数据的分类能力。为此，Li 等（2011）提出一种面向数据分类的新的匿名方法，该方法为提高数据分类精度，采用全局泛化和局部隐匿的方式，算法执行效率和分类能力均有所提高。

研究表明，目前提出的面向数据分类应用的匿名化算法大多是独立地处理准标识符属性，没有考虑准标识符属性与敏感属性之间的效用影响关系；而且，采用的匿名化方法多数是基于泛化/隐匿技术的，由于其严重依赖于预先定义的泛化层或属性域上的序关系，使得匿名数据产生很高的信息损失，降低了发布数据的实际效用。为此，我们以数据分类挖掘为应用背景，构建了准标识符属性对敏感属性的效用影响矩阵；基于效用影响矩阵，定义了新的信息损失度量标准；采用聚类技术设计了启发式的 l-多样性匿名算法；利用标准数据集对提出的算法进行了实验验证，并与现有典型 l-多样性匿名算法进行了对比分析。实验结果表明，本章算法可有效减少信息损失，提高匿名数据的分类效果。

以下首先定义与面向数据分类应用的 l-多样性匿名算法密切相关的一些概念和度量标准，其次再详细描述算法设计过程。

一、效用影响矩阵

在数据集中，准标识符属性与敏感属性之间通常会存在一定的关系，在数据匿名化过程中若忽视两者之间的关系，独立地处理准标识符属性，则必将会给匿名数据带来某些重要信息的损失，影响发布数据的实际效用。反之，在建立匿名等价类时，若能考虑准标识符属性与敏感属性之间的效用影响关系，则可为匿名数据保留更多的有助于数据分析的信息，提高匿名数据的可用性。因此，我们可通过对数据集的具体分析或求助领域专家，构建准标识符属性对敏感属性的效用影响矩阵，以减少匿名化过程产生的信息损失。以下给出效用影响矩阵的定义：

定义 5.1（效用影响矩阵）　设原始数据集为 S（q_1，q_2，…，q_m，s），其中 q_1，q_2，…，q_m 为准标识符属性，s 为敏感属性，不同敏感属性值的个数为 n。于是，我们可以按如下方式建立准标识符属性对敏感属性的效用影响矩阵：

$$U=(u_{ij})_{m\times n} \tag{5-1}$$

效用影响矩阵 U 是一个 m×n 的矩阵，其中元素 u_{ij} 表示第 i 个准标识符属性 q_i 对第 j 个敏感属性值 s_j 的效用影响，其值为相对于敏感属性值 s_j，准标识符属性 q_i 的取值范围在其值域 D（q_i）上所占的比例。该比值越小，效用影响越大；该比值越大，效用影响越小。

此外，我们将准标识符 q_1，q_2，…，q_m 对第 j 个敏感属性值 s_j 的效用影响定义为：

$$E_{*j}=\frac{1}{m}\sum_{i=1}^{m}u_{ij} \tag{5-2}$$

敏感属性值 s_j 和敏感属性值 s_k 之间的差异定义为准标识符对第 j 个敏感属性值 s_j 和对第 k 个敏感属性值 s_k 的效用影响的差异，即：

$$d_{jk}=\frac{1}{m}\sum_{i=1}^{m}|u_{ij}-u_{ik}| \tag{5-3}$$

第 i 个准标识符属性 q_i 对敏感属性的效用影响定义为：

$$E_{i*}=\frac{1}{n}\sum_{j=1}^{n}u_{ij} \tag{5-4}$$

二、信息损失度量

定义 5.2（数值型属性信息损失）　令 $QI=\{N_1, \cdots, N_{m1}, C_1, \cdots, C_{m2}\}$ 为数据集 S 的准标识符，其中 N_i（$i=1, \cdots, m_1$）为数值型属性，相应地取值域为 D_i（$i=1, \cdots, m_1$）。对于记录 r 中任一数值型准标识符属性 N_i（$i=1, \cdots, m_1$）的值由 x_i 匿名化为区间 $[y_i, z_i]$（$y_i \leqslant x_i \leqslant z_i$）后，产生的信息损失定义为：

$$IL_{N_i}(r)=\sum_{j=1}^{n} w_{ij}\frac{z_i-y_i}{|D_i|} \tag{5-5}$$

其中，$w_{ij}=1-u_{ij}$，$|D_i|=MaxN_i-MinN_i$。

记录 r 中所有数值型准标识符属性 N_i（$i=1, \cdots, m_1$）匿名化后，产生的信息损失定义为：

$$IL_N(r)=\sum_{i=1}^{m_1} IL_{N_i}(r)=\sum_{i=1}^{m_1}\sum_{j=1}^{n} w_{ij}\frac{z_i-y_i}{|D_i|} \tag{5-6}$$

定义 5.3（分类型属性信息损失）　令 $QI=\{N_1, \cdots, N_{m_1}, C_1, \cdots, C_{m_2}\}$ 为数据集 S 的准标识符，其中 C_i（$i=1, \cdots, m_2$）为分类型属性，相应的分类树为 T_i（$i=1, \cdots, m_2$）。对于记录 r 中任一分类型准标识符属性 C_i（$i=1, \cdots, m_2$）的值 v_i 匿名化为祖先节点值 p_i 后，产生的信息损失定义为：

$$IL_{C_i}(r)=\sum_{j=1}^{n} w_{ij}\frac{|p_i|}{|T_i|} \tag{5-7}$$

其中，$w_{ij}=1-u_{ij}$，$|T_i|$表示分类树 T_i 的叶子节点个数，$|p_i|$表示子树 p_i 的叶子节点个数。

记录 r 中所有分类型准标识符属性 C_i（$i=1, \cdots, m_2$）匿名化后，产生的信息损失定义为：

$$IL_C(r)=\sum_{i=1}^{m_2} IL_{C_i}(r)=\sum_{i=1}^{m_2}\sum_{j=1}^{n} w_{ij}\frac{|p_i|}{|T_i|} \tag{5-8}$$

结合数值型和分类型准标识符属性信息损失定义，我们定义记录信息损失如下：

定义 5.4（记录信息损失）　令 $QI=\{N_1, \cdots, N_{m_1}, C_1, \cdots, C_{m_2}\}$ 为数据

集 S 的准标识符，其中 N_i（i=1，…，m_1）为数值型属性，相应地取值域为 D_i（i=1，…，m_1），C_i（i=1，…，m_2）为分类型属性，相应地分类树为 T_i（i=1，…，m_2），对于记录 r 匿名化后，产生的信息损失定义为：

$$IL(r)=IL_N(r)+IL_C(r) \tag{5-9}$$

基于上述定义，匿名数据集的总计信息损失定义如下：

定义 5.5（总计信息损失）　令 S^* 为数据集 S 匿名化后生成的匿名数据集，匿名数据集 S^* 的信息损失定义为所有记录的信息损失之和，即：

$$Total\_\ IL(S^*)=\sum_{r\in S^*} IL(r) \tag{5-10}$$

三、算法设计

为满足匿名数据集在数据分类方面的应用，我们提出了一种新的基于效用影响矩阵的启发式的 l-多样性匿名算法，该算法采用聚类技术实现对数据集的等价类划分，采用局部重编码的方法对数据进行匿名化处理，具有较小的信息损失量和较高的执行效率。

算法分为以下四步：

第一步，将原始数据集 S 中的记录按照敏感属性值进行分组，每组中的记录具有相同的敏感属性值，通过对每组记录属性值的统计分析，建立准标识符属性对敏感属性的效用影响矩阵；

第二步，对分组按照准标识符对敏感属性的效用影响大小进行排序，以便效用影响相近的记录被聚为一类；

第三步，以满足 l-多样性约束条件为前提，以最小化信息损失为目标，按分组顺序对组中记录进行聚类操作，使得每个簇至少包含 l 个不同的敏感属性值；

第四步，对每个簇中记录采用局部重编码方法进行匿名化处理生成匿名等价类。

算法过程如下：

算法 5.1　面向数据分类应用的 l-多样性匿名算法

输入：原始数据集 S，多样性匿名参数 l

输出：匿名数据集 S^*，使得 S^* 中每个等价类至少包含 l 个不同的敏感属

性值

步骤1，若原始数据集S中不同敏感属性值的个数小于多样性匿名参数l，则返回。

步骤2，将原始数据集S中的记录按照敏感属性值进行分组得到$G=\{G_1, G_2, \cdots, G_s\}$，使得每个分组中的记录具有相同的敏感属性值。

步骤3，建立准标识符属性对敏感属性的效用影响矩阵$U=(u_{ij})_{d\times s}$。

（1）对G中的每个分组G_j（$1\leq j\leq s$）逐个计算其准标识符属性QI_i（$1\leq i\leq d$）对敏感属性值s_j的效用影响u_{ij}。

（2）计算准标识符对每个敏感属性值s_j（$1\leq j\leq s$）的效用影响E_{*j}。

步骤4，基于效用影响矩阵$U=(u_{ij})_{d\times s}$，按准标识符对敏感属性的效用影响大小降序对分组进行排序，不失一般性地，假定排序后得到新的$G=\{G_1, G_2, \cdots, G_s\}$。

步骤5，对于$G=\{G_1, G_2, \cdots, G_s\}$，按分组顺序对组中记录以最小化信息损失为目标进行聚类操作，使得每个簇至少包含l个不同的敏感属性值。

（1）初始化簇集$result=\phi$。

（2）当非空分组的个数不小于l时，循环执行：

1）从第一个非空分组G_i中随机选取一条记录r。

2）$G_i=G_i-\{r\}$。

3）初始化新的簇$e=\{r\}$。

4）当簇e中记录个数小于l时，循环执行：

a. 从下一个非空分组G_j中选取一条记录r，使其并入簇e后产生信息损失量最小。

b. $G_j=G_j-\{r\}$。

c. $e=e\cup\{r\}$。

5）$result=result\cup e$。

（3）对于剩余的每个非空分组G_j，循环执行：

1）从分组G_j中随机选取一条记录r。

2）从簇集result中选取一个簇e，使r加入其中后增加的信息损失最小。

3）$G_j=G_j-\{r\}$。

4）$e=e\cup\{r\}$。

步骤6，对于result中的每个簇e采用局部重编码的方法进行泛化/隐匿处理以生成匿名等价类。

步骤7，返回匿名数据集S^*。

第三节　算法分析

一、正确性分析

不难看出，如果数据集S中不同敏感属性值的个数不小于l，则算法5.1输出的匿名数据集S^*可以保证满足l-多样性匿名模型的要求。

实际上，当步骤5中第（2）分步执行完成时，已经得到簇的集合result，而且result中的每个簇恰好有l条记录，且它们的敏感属性值各不相同，即满足了l-多样性匿名模型的基本要求。随后的步骤5中第（3）分步继续保持了l-多样性约束条件，直至所有分组中的记录都被归入一个合适的簇中。

因此，步骤1～步骤5执行完毕后，每个簇的大小至少为l，且至少含有l个互不相同的敏感属性值，满足了l-多样性匿名模型要求。

最后，步骤6将每个簇按照一定规则泛化成为一个等价类，从而得到满足l-多样性模型要求的匿名数据集S^*。

二、复杂性分析

设原始数据集S中的记录数目为$|S|=n$，准标识符维数为$|QI|=d$，敏感属性值个数为s，算法在步骤5完成后得到$|result|=m$个簇。不难看出，有$1\leq m\leq n/l$（$l>1$）。

算法步骤2，根据数据集S中记录的敏感属性值将记录进行分组，这一步只需扫描S一次，执行时间为O（n）。

算法在步骤3中，计算每个准标识符属性对每个敏感属性值的效用影响u_{ij}，需要 d 遍扫描 S，执行时间为 O（dn）；计算准标识符对每个敏感属性值的效用影响 E_{*j}，执行时间为 O（ds）。因此，步骤 3 的执行时间为 O（dn）+O（ds）。

算法步骤 4 对 s 个分组进行排序，因数值 s 通常比较小，其执行时间可忽略不计。

算法步骤 5 中第（2）分步中，每得到一个新的簇 e，至多扫描 S 一次，并计算在准标识符 QI 上的信息损失。易知，生成一个簇的时间不超过 O（dn）。共生成 m 个簇，因此步骤 5. 2 的执行时间为 O（dmn）。

步骤 5 中第（2）分步结束时得到 m 个簇，每个簇中恰好有 l 条记录，故剩余 n-lm 条记录。因此，算法步骤 5 中第（3）分步的执行次数为 n-lm。每次循环要扫描 result 一遍，并计算在准标识符 QI 上的信息损失，执行时间为 O（dm）。所以，步骤 5 中第（3）分步的执行时间为 O（dm（n-lm））。

算法在步骤 6 生成匿名数据集时，需扫描所有记录一次，同时替换记录在准标识符上的属性值，故执行时间为 O（dn）。

因此，算法 5. 1 的总体执行时间为 O(n)+O(dn)+O(ds)+O(dmn)+O(dm(n−lm))+O(dn)= O(dmn)。因为 m≤n/l，所以在最坏情况下，算法 5. 1 的时间复杂度为 O（dn^2/l）。

三、安全性分析

算法 5. 1 是基于 l-多样性匿名模型设计的，因此能够抵抗背景知识攻击和同质性攻击。算法在生成每个簇时，由于种子记录和簇成员记录所属分组是按照准标识符对敏感属性的效用影响大小降序排列的，导致簇中记录的高敏感度属性值群集出现的概率较小，因此能够抵抗针对敏感属性值的相似性攻击。

然而，算法 5. 1 并未对簇中具体敏感属性值出现的比率加以约束，有可能受到针对敏感属性值的偏斜性攻击，从而造成隐私信息泄露。为解决偏斜性攻击问题，可参照算法 4. 2 对本算法加以改进，在此不再赘述。

第四节　实验结果与分析

实验的目标是考查本章算法 5.1 的各项性能指标，如数据质量、执行效率等。为了更加客观地评估本章的算法（记为 Our Algorithm3），与 Machanavajjhala 等（2007）提出的基于全域泛化的 l-多样性匿名算法（记为 General algorithm2）做比较。

一、实验环境

实验同样采用 UCI 机器学习数据库中的 Adult 数据集，同样采用 Machanavajjhala 等（2007）使用的数据预处理方法，删除含有缺失值的数据记录，得到的实验数据集包含 45222 条数据记录，保留 9 个属性（年龄、性别、种族、受教育程度、婚姻状况、国籍、工作类别、职业、工资类别）。我们将属性集｛年龄、性别、种族、受教育程度、婚姻状况、国籍｝作为准标识符，将属性“职业”作为敏感属性，共有 14 个不同的敏感属性值，本书从 Adult 数据集中随机选取 40000 条记录构成实验数据集，相关属性信息如表 5-1 所示。

表 5-1　实验数据集信息

序号	属性	不同值个数	泛化方式	树高度
1	年龄	4	5-，10-，20-year	4
2	性别	2	Suppression	1
3	种族	5	Suppression	1
4	受教育程度	16	Taxonomy Tree	3
5	婚姻状况	7	Taxonomy Tree	2

续表

序号	属性	不同值个数	泛化方式	树高度
6	国籍	41	Taxonomy Tree	3
7	工作类别	7	Taxonomy Tree	2
8	职业	14	—	—
9	工资类别	2	Suppression	1

实验运行环境为，CPU：Intel（R）Core（TM）i7－6500U @ 2.50GHz，RAM：8G，软件环境：Windows 7 操作系统；开发语言：Anaconda3；数据库管理系统：SQL Server 2012。

二、分类能力

为了考查基于匿名数据集生成的分类器的数据分类能力，我们在匿名数据集上采用朴素贝叶斯分类算法构造分类器，将 Adult 数据集中剩余的 5222 条记录作为测试数据集。

图 5-1 表示了两种算法关于匿名数据集在数据分类应用中的数据效用（分

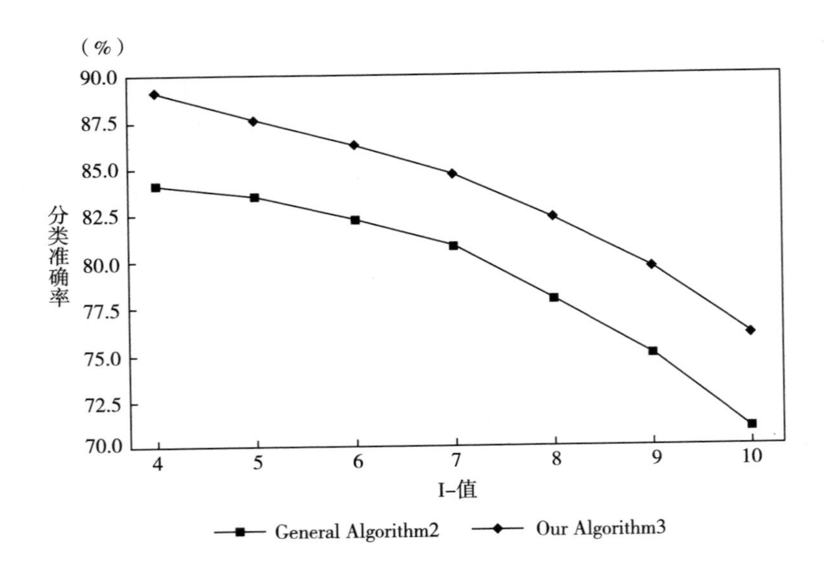

图 5-1 数据分类能力比较（n=40000）

类准确率）情况。从图中可以看出，两种算法分类的准确率均随l-值的递增变化逐步下降，原因在于随着l-值的递增，每个等价类的信息损失量随之增加，导致数据效用降低。但本章的算法（Our Algorithm3）的分类准确率一直高于全域l-多样性算法（General Algorithm2），原因在于General Algorithm2没有考虑准标识符属性对敏感属性的效用影响，而是独立地对准标识符属性进行匿名化处理。可见，数据集中准标识符属性对敏感属性的效用影响在数据匿名化隐私保护中不容忽视，否则将会降低发布数据的实际效用。

三、信息损失

图5-2表示了两种算法的信息损失在数据集随l-值递增的变化情况。从图中可以看出，对于不同的l-值，本章的算法（Our Algorithm3）均产生较低的信息损失，且明显优于全域l-多样性算法（General Algorithm2）。原因在于General Algorithm2独立地对数据集的准标识属性进行全域泛化处理，且依赖于预先定义的泛化层或属性域上的全序关系，信息损失相对较大；而Our Algorithm3在生成匿名等价类时考虑了不同准标识属性在数据集中的权重，且采用局部重编码的方案，有效地减少了匿名数据表的信息损失。

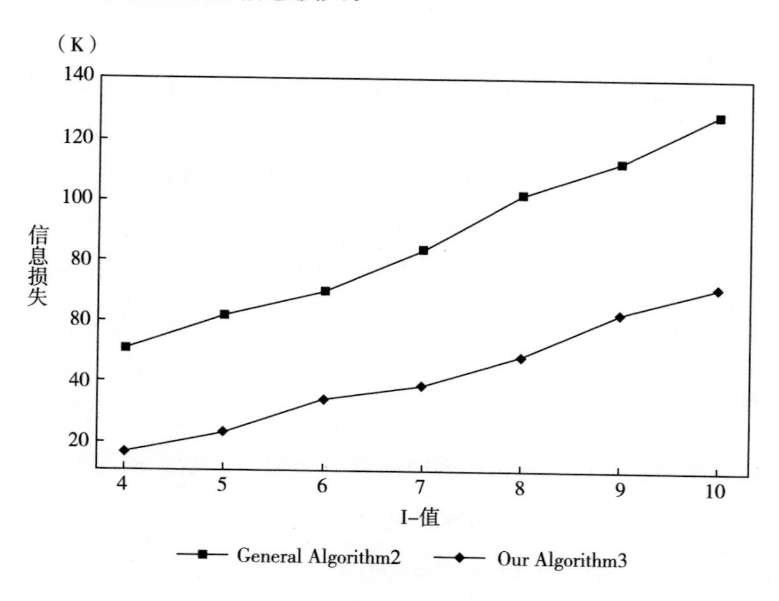

图5-2 信息损失比较（n=40000）

四、执行效率

图 5-3 对两种算法在 l-值递增变化情况下的执行时间做了比较。从图中可以看出，对于不同的 l-值，本章的算法（Our Algorithm3）的执行时间均低于全域 l-多样性算法（General Algorithm2）。原因在于 General Algorithm2 产生匿名等价类时是在整个数据集范围内搜索记录；而 Our Algorithm3 是在基于效用影响矩阵对数据集进行聚类后的每个簇中进行搜索记录，大大缩小了记录的搜索范围，执行效率明显改善。

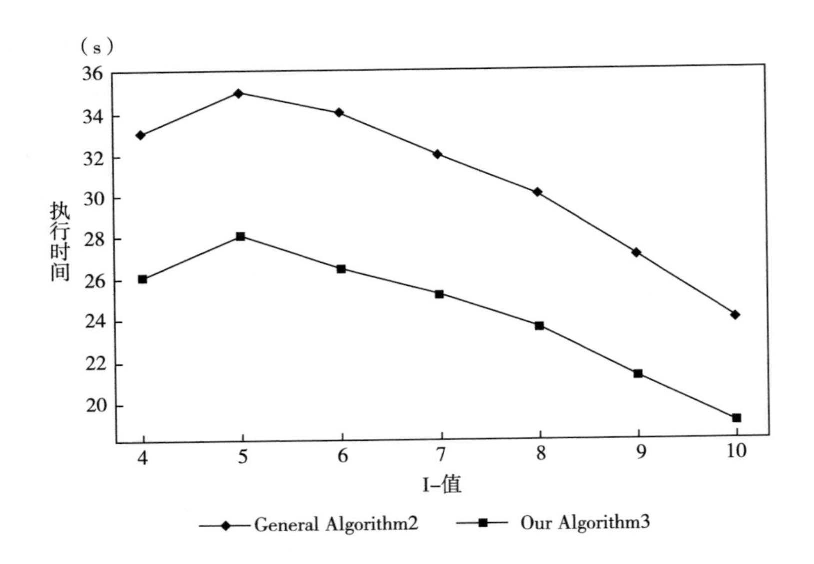

图 5-3　执行时间比较（n=40000）

五、隐私披露风险

由于两种算法在设计时均以 l-多样性匿名模型为依据，其隐私披露风险取决于多样性匿名参数 l。因此，在多样性匿名参数 l 取值相同的情况下，两种算法生成的匿名数据集其隐私披露风险是等同的，即披露风险均为 1/l。本章提出的基于聚类的面向数据分类应用的 l-多样性匿名算法是从提高数据分类效用的角度

设计的，在保持隐私披露风险不变的情况下，提高了发布数据的分类准确性。

第五节　本章小结

本章通过构建准标识符属性对敏感属性的效用影响矩阵，基于该效用影响矩阵采用聚类技术设计了启发式的面向数据分类应用的l-多样性匿名算法，并利用标准数据集验证了本章算法的有效性和可行性。该算法可应用于隐私保护数据发布、分类数据挖掘等诸多领域，在保护个体隐私信息的同时也减少了信息损失，较为显著地提高了匿名数据的实际效用（数据分类准确性），达到隐私保护与数据效用的合理平衡。

第六章　基于大数据分析的移动社交网络用户隐私信息关联关系

第一节　引言

移动社交网络作为大数据时代下的主要网络社交平台，其安全性及隐私问题直接影响移动社交网络用户的体验感和参与网络各项活动的积极性，网络用户的隐私保护问题值得社会各界高度关注，并应采取有效的应对措施保护用户的隐私不被侵犯。

当前，随着 Web 2.0 技术的广泛应用，移动社交网络作为一种新型互联网交互模式，正受到越来越多的关注，已经成为发展速度最快、用户数量最多、传播影响最大的网络新媒体平台，为人们聊天交友和及时分享信息提供了便捷的服务，吸引了大量用户参与进来。大数据时代的到来加剧了移动社交网络用户隐私泄露的风险，由于移动社交网络具有开放性、共享性和连通性等特点，借助强大的搜索引擎，用户的隐私信息更容易被窥探、收集和非法利用，而且用户看似平常的信息，借助大数据分析工具，从中挖掘出用户的关联信息，也可能造成用户隐私的泄露，给相关个体和组织带来一定的安全威胁。因此，如何使移动社交网络在满足用户沟通交流、分享信息、模式识别、知识发现的同时，更好地保护数据所有者的隐私，已成为近年来相关领域专家学者研究的热点问题。

目前，针对移动社交网络用户隐私保护研究主要集中于社交网络数据发布的隐私保护（王平水和朱新峰，2018；Sun 等，2014）和社交网络访问控制（Liu 等，2014）等方面。关于社交网络数据发布的隐私保护技术研究的较多，主要采用匿名处理技术，使发布的社交网络数据既能够满足数据分析的需要，又能很好地保护用户隐私不被泄露；社交网络访问控制技术的研究主要集中于社交网络访问控制模型设计，以解决社交网络数据授权访问问题。然而，现有文献对用户隐私信息间的关联关系研究的很少，不便于进行个性化隐私保护策略设计，增加了用户隐私保护设置的复杂性。为此，本章以数据挖掘和大数据分析工具为技术手段，对移动社交网络用户个体及群体属性数据进行分析，提取用户隐私信息关联关系，以便为进行移动社交网络数据匿名化隐私保护算法和用户个性化隐私保护策略设计提供数据支撑。

第二节　相关概念

一、大数据

大数据是指无法在一定时间内用常规软件工具对其内容进行抓取、管理和处理的数据集合。移动社交网络几乎每时每刻都在产生新的数据，数据种类和规模正以前所未有的速度呈指数级增长，整体上呈现出大数据的 4V 特征，即数据规模大（Volume）、处理速度快（Velocity）、数据类型多（Variety）、价值密度低（Value），这给社交网络数据分析和研究者奠定了研究的基础，便于展开相关数据分析、模式识别与知识发现的研究。

二、关联规则

关联规则是指隐藏在大型数据集中的有趣的、属性间的关联和规律，是数据挖掘中的重要研究内容，被广泛应用于金融领域（Jiawei 和 Micheline，2007）。然而，在移动社交网络用户属性数据集中，通过关联规则挖掘技术和大数据分析技术同样可以找出社交网络用户属性间的关联关系（其中部分属性可能为用户的隐私信息），从而为社交网络用户的隐私保护策略设置提供数据支撑。

三、大数据分析技术

众所周知，大数据的特征之一是价值密度低（Value），即在大量的数据中可能只有微乎其微的数据是有价值的，如何将其中的价值提取出来，需要大数据分析技术的支撑。大数据分析技术有很多，如数据挖掘、统计分析、模型预测、可视化分析等，以下简要介绍与社交网络用户属性数据处理有关的主要技术。

1. MapReduce 技术

MapReduce 是面向大数据并行处理的计算模型、框架和平台，最早是由 Google 公司研究提出的一种面向大规模数据处理的并行计算模型和方法，后来在 Hadoop 中得到了开源实现，功能上显著增强（林子雨，2017）。

Hadoop MapReduce 将复杂的、运行于大规模集群上的并行计算过程高度地抽象为两个函数：Map 和 Reduce（见表 6-1）。MapReduce 采用“分而治之”策略，一个存储在分布式文件系统中的大规模数据集会被切分成许多独立的分片（split），这些分片可以被多个 Map 任务并行处理，处理后的中间结果作为 Reduce 任务的输入，产生出需要的结果：<键，值>对。

表 6-1　Map 和 Reduce 函数

函数	输入	输出	说明
Map	<k1，v1>	List（<k2，v2>）	1. 将小数据集进一步解析成一批键值对<key，value>，输入 Map 中进行处理。 2. 每一个输入的键值对<k1，v1>会输出一批<k2，v2>。<k2，v2>是计算的中间结果
Reduce	<k2，List（v2）>	<k3，v3>	输入的中间结果键值对<k2，List（v2）>中的 List（v2）表示一批属于 k2 的 value

2. 关联规则挖掘技术

关联规则是形如 X→Y 的蕴含式，其中 X 和 Y 分别称为关联规则的前导和后

继。关联规则 X→Y 存在支持度和置信度。

令 $I=\{i_1, i_2, \cdots, i_m\}$ 为数据库中所有项的集合，$D=\{t_1, t_2, \cdots, t_n\}$ 为数据库，其中每条记录 t_i 为一个项集且 $t_i \subseteq I$，记录 t_i 包含项集 X 充要条件为 $X \subseteq t_i$。关联规则 X→Y 被称为是有趣的充要条件为当其支持度和置信度分别不低于用户给定的最小支持度和最小置信度阈值，其中规则 X→Y 的支持度和置信度分别定义为：

$$sup(X \rightarrow Y) = P(X \cup Y) = \frac{|X \cup Y|}{|D|} \tag{6-1}$$

$$conf(X \rightarrow Y) = P(Y \mid X) = \frac{|X \cup Y|}{|X|} \tag{6-2}$$

其中，$|X|$为数据库 D 中包含项集 X 的记录数。

关联规则挖掘算法一般分为两步：首先找出所有的频繁项集；其次根据用户给定的最小支持度和最小置信度阈值产生有趣的关联规则。

第三节　移动社交网络用户隐私信息关联分析

人们在社交网络上提供了许多真实的个人信息，包括个人资料、教育和工作经历、联系方式、照片、言论和在线活动等，而且移动社交网络中聊天信息、视频信息、图片信息猛增，呈现出结构化、半结构化以及非结构化等多种数据形式，庞大的信息量符合大数据典型的 4V 特性，传统的数据分析工具面对如此复杂、规模巨大的社交网络数据显得力不从心，需借助大数据处理工具方可有效处理。

为利用大数据分析技术对社交网络进行用户隐私信息关联分析，我们随机选取了部分某社交网络用户属性数据作为样本数据，该样本数据中共有 50000 个用户，每个用户包含姓名、性别、生日、血型、职业、兴趣爱好、手机、邮箱等属性，且每个属性均包含是否公开选项，我们主要针对每个属性是否公开数据进行关联分析，以便简化用户账号注册时的相关属性隐私设置。

一、单属性数据隐私分析

假定置信度为60%，通过对样本数据的单属性数据统计分析，得到如下结果（见表6-2）：

表6-2 单属性数据隐私情况统计

属性	不同意公开用户数	是否为隐私（置信度60%）
姓名	32165	是
性别	8418	
生日	44207	是
血型	21262	
职业	10184	
兴趣爱好	8509	
手机	42802	是
邮箱	39274	是

统计结果表明，60%以上的用户将姓名、生日、手机和邮箱视为个人隐私，于是在社交网络用户账号注册时，系统可自动将这些属性设置为默认不公开，其他属性默认公开。我们将姓名、生日、手机和邮箱定义为大众属性，其余为小众属性。

在将性别属性数据视为隐私的8418名用户中，性别为男和女的用户分别占16%和84%（见表6-3）。该结果表明，在社交网络用户中女性用户对性别数据的隐私保护意识比男性更强。

表6-3 性别属性数据隐私情况统计

属性	不同意公开用户数（男）	不同意公开用户数（女）
性别	1356（16%）	7062（84%）

二、双属性数据隐私关联分析

在将性别属性数据视为隐私的 8418 名用户中，将其他某一小众属性数据也视为隐私的用户情况统计如表 6-4 所示。于是，在社交网络用户账号注册时系统通过实时检测性别属性的隐私设置，自动完成相关属性的默认设置，从而简化用户操作，同时也保护了用户的相关属性数据。

表 6-4　双属性数据（含性别）隐私情况统计

属性组	不同意公开用户数	是否为隐私（置信度 60%）
性别、血型	6216（74%）	是
性别、职业	5478（65%）	是
性别、兴趣爱好	3613（43%）	

三、多属性数据隐私关联分析

在将性别、血型属性数据视为隐私的 6216 名用户中，将其他某一小众属性数据也视为隐私的用户情况统计如表 6-5 所示。同理在社交网络用户账号注册时系统可自动完成相关属性的默认设置。

表 6-5　三属性数据（含性别、血型）隐私情况统计

属性组	不同意公开用户数	是否为隐私（置信度 60%）
性别、血型、职业	3735（60%）	是
性别、血型、兴趣爱好	2238（36%）	

此外，我们也可以将大众属性与小众属性结合进行多属性的隐私关联分析，找出大众属性间、小众属性间以及大小众属性间的隐私信息关联关系，为用户个性化隐私保护策略设计提供参考依据。

第四节　本章小结

本章以大数据分析工具为技术手段，对移动社交网络用户隐私信息关联关系进行了分析，以便为进行个性化隐私保护策略设计提供数据支撑。下一章我们将在此基础上，通过建立支持移动社交网络用户个性化隐私偏好的授权模型来实现更为灵活的、实用的隐私策略定义，并进行仿真实验和对比分析，以全面解决移动社交网络应用中存在的用户隐私泄露问题。

第七章　移动社交网络用户个性化隐私保护模型

第一节　引言

移动社交网络为用户提供了一个便捷的沟通交流、分享信息、相识交友的平台。随着移动社交网络的普及和发展，社交平台存储了大量用户的个人数据，这给数据分析、数据挖掘、决策支持等数据应用带来了便利，同时也对移动社交网络用户个人隐私造成了极大的威胁和挑战，因为移动社交网络数据中可能包含用户个人隐私信息。在这种情况下，如何保护用户的隐私信息不被泄露，是一个具有挑战性的问题（王媛等，2012；Wang 等，2019）。隐私泄露问题是大数据时代对个人信息安全的最大威胁，也是影响移动社交网络安全、健康、良性运行的重要因素之一。

近年来，专家学者对移动社交网络中的隐私保护问题进行了深入研究，提出了许多有效的隐私保护技术。已有的关于移动社交网络隐私保护的技术与方法研究主要集中在数据发布、数据挖掘和访问控制等方面的隐私保护，其中匿名化是移动社交网络数据发布的主要隐私保护技术，它使发布的数据既能满足一般数据分析的需要，又不泄露用户隐私信息；而移动社交网络访问控制技术主要致力于设计移动社交网络访问控制模型，有基于用户角色的、基于用户属性的和基于规则的访问控制模型，可以解决移动社交网络中数据访问授权问题。然而，针对移动社交网络数据个性化隐私保护的研究相对较少，目前社交网络平台的默认的隐私设置增加了用户隐私信息泄露的风险和用户隐私保护选项设置的复杂性。

本章通过建立满足移动社交网络用户个性化隐私偏好的网络资源访问授权模型，定义相应的数据访问规则，设计了实用的用户隐私保护策略，能够满足移动社交网络用户的个性化隐私保护需求。仿真实验结果表明，所提出的用户个性化隐私保护模型能够在保持较高执行效率的同时提高移动社交网络的安全性，也可实现移动社交网络中新用户和动态数据资源的访问控制。

第二节　隐私保护策略定义的相关概念

移动社交网络隐私保护策略定义主要涉及访问者、访问对象、访问行为、用户角色以及访问授权所需要满足的约束条件等相关概念，下面对这些概念进行简要介绍：

定义 7.1（访问者，Visitor）　Visitor 是指访问移动社交网络资源的用户，所有的 Visitor 构成的集合表示为 UserS。Visitor 所拥有的各种特性称为属性，属性通常由属性名及其属性值两部分组成，属性名反映的是特征抽象，属性值是用于表示具体的 Visitor 个体。例如，Visitor 属性可能包括用户的姓名、性别、身份证号码、年龄、联系电话、电子邮件、家庭住址、文化程度、从事职业、政治面貌、兴趣爱好等。

定义 7.2（访问对象，Object）　Object 是 Visitor 试图访问的移动社交网络资源，所有的 Object 构成的集合表示为 ResS。移动社交网络资源按资源类型可分为属性信息和数据资源，属性信息与 Subject 属性基本类似，数据资源是指被访问对象发布的个人日记、评论、图片、音频、视频等信息。此外，数据资源还拥有 label 标签信息，通常由 label 名称和 label 值组成，主要用于识别数据资源，标识数据资源属性特征及其重要性等。

定义 7.3（用户行为，Action）　Action 是指 Visitor 对 Object 执行的访问、

阅读、回复、评论、收藏、分享等操作，所有的 Action 构成的集合表示为 ActS。

定义 7.4（访问权限，Permission） Permission 是指对某个 Object 执行具体操作，记为<r，a>，其中 $r \in ResS$，$a \in ActS$。所有 Permission 构成的集合表示为 PerS。

定义 7.5（用户角色，Role） Role 是根据 Subject 属性信息划分的用户组，所有 Role 构成的集合表示为 RoleS。通过将 Role 与 Permission 进行关联可以隔离 Visitor 与 Permission 之间的直接逻辑关系的定义，从而简化访问授权管理。

定义 7.6（RH 角色层次，Role Hierarchy） RH 角色层次是定义在角色集 RoleS 上的一种偏序关系。我们假设有 n 组的角色，如（$role_1$，$role_2$，…，$role_n$），RH：$role_i \times role_j$，$role_i$ 和 $role_j$ 属于角色集 RoleS，当 $role_i$ 大于或等于 $role_j$ 时，我们称 $role_i$ 称为上层角色，$role_j$ 为下层角色，上层角色获取下层角色的 Permission，下层角色获取上级角色的用户。

定义 7.7（Pred 谓词，Predicate） Predicate 用于定义某个实体具有某些属性，也可以定义两个或两个以上实体之间存在某种联系，Predicate 由两个部分组成：Predicate 名称和 Predicate 参数，可以表示为 Pred（x_1，x_2，…，x_n），其中 Pred 为谓词名称，x_i（$i=1$，…，n）可以是常量、变量或一阶 Predicate，所有 Predicate 构成的集合表示为 PredS。例如，Is（x. role,'teacher'）表示访问者 x 的用户角色为“教师”；Is（y. label,'evening'）表示访问对象 y 的标签是“晚上”。

定义 7.8（约束条件，Constraint） Constraint 用于定义访问授权所需要满足的限制条件，可能是 Pred 或者 Pred 的逻辑表达式，可以表示为：$pred_1 \Theta pred_2 \cdots \Theta pred_n$，其中，Θ 为逻辑运算符（并且∧，或者∨），$pred_i \in PredS$ 为谓词，$i=1$，…，n。

根据 Constraint 形式及其内容，可将 Constraint 分为三类：访问者属性约束、访问对象标签约束和状态约束。

访问者属性约束用于描述访问者访问授权时需要满足的属性约束条件，如访问者的性别、年龄、住址、学历、职业、爱好等约束，所有访问者属性约束构成的集合表示为 SAttriC。例如，Large（x. age,'18'）^Is（x. role,'undergraduate'）表示 18 岁以上的大学生。

访问对象标签约束用于描述资源访问授权需要满足的约束条件，所有访问对象标签约束构成的集合表示为 RLabC。例如，Is（y. type,'photo'）^Is（y. label,'graduation'）表示毕业照。

状态约束是指系统所处的状态、上下文环境等约束，所有状态约束构成的集合表示为 EnvC。例如，At（'Home','School'）表示地点约束在家或者学校，TimeBetween（'9：00AM','5：00PM'）表示时间约束上午 9 点至下午 5 点。本书在隐私策略定义时引入状态约束，可以有效地提高访问控制策略制定的灵活性和实施的交互性，以及社交网络数据资源的安全性。

第三节　移动社交网络用户个性化隐私保护访问控制与授权模型设计

基于上述相关概念，我们提出了能够实现移动社交网络用户个性化隐私保护的访问控制与授权模型，该访问控制与授权模型是在基于用户角色的访问控制模型基础上，通过添加基于访问者属性的访问者—角色授权规则以及基于访问对象标签的角色—权限分配规则，实现对用户个性化隐私保护策略的定义（见图 7-1）。

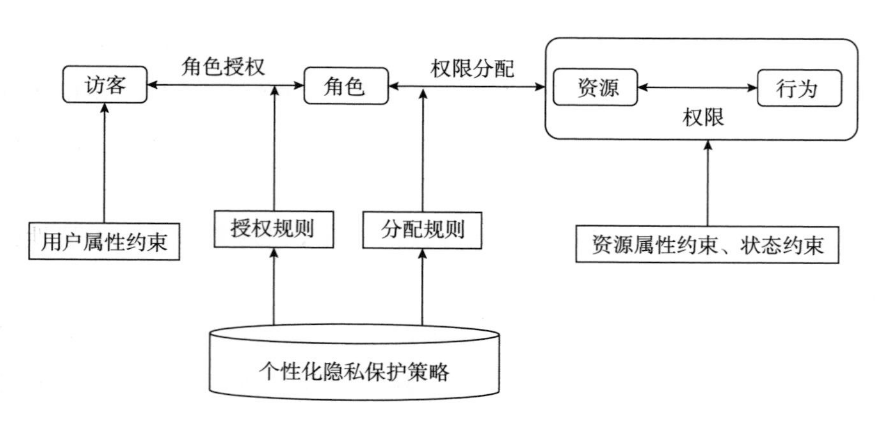

图 7-1　用户个性化隐私保护授权模型

资料来源：Wang P S，Wang Z C，Mace J. Personalized privacy protecting model in mobile social network［J］. Computers，Materials & Continua，2018，59（2）.

模型中，满足属性约束条件的访问者根据访问者角色授权规则获得相应的权限；满足访问对象标签约束的访问权限根据角色—权限分配规则被分配给相应的角色，而且该角色还可以获取由角色层次关系产生的访问权限（王媛等，2012）。因此，访问者通过用户角色及其层次关系获得相应的网络资源访问权限。

定义 7.9（UR-Rule，用户—角色授权规则）　authorise_ role（u，role）← $P_1x_1 \cdots P_mx_m$（$sc_1 \Theta sc_2 \cdots \Theta sc_n$），其中，uUserS，role ∈ RoleS，Θ 为逻辑运算符（∧并且、∨或者），sc_i SAttriC 为访问者属性约束（i=1，…，n），x_j 是一个实体变量（j=1，…，m），P_i ∈ {∃，∀}，用于根据访问者满足的约束条件情况进行角色划分，以便进行访问授权设置。

示例 7.1　authorise_ role（x,'college classmate'）←∀x Larger（x. age,'14'）^Is（x. class,'12computer-1'）^Is（x. graduate,'××××'）表示满足年龄在 14 岁以上、来自高校“××××”和班级“12 computer-1”的是大学同学。

定义 7.10（RP-Rule，角色—权限分配规则）　A_ authorise [S_ authorise]（role，r，a）←$P_1x_1 \cdots P_mx_m$（$re_1 \Theta re_2 \cdots \Theta re_n$），其中，role ∈ RoleS，r ∈ ResS，aActS，Θ 为逻辑运算符（∧并且、∨或者），re_i ∈ {RLabC；EnvC}（i=1，…，n），x_j 是一个实体变量（j=1，…，m），P_i ∈ {∃，∀}，A_ authorise 表示正向授权，S_ authorise 表示反向授权，用来说明在状态约束 EnvC 下满足所有访问对象标签约束的权限<r，a>分配给角色 role 或者禁止分配给角色 role。

示例 7.2　A_ authorise（'college classmate'，y,'comment'）←∃y Is（y. type,'photo'）^Is（y. label,'graduation'），表示大学同学可以对毕业照片发表评论。

定义 7.11（Privacy preserving policy，隐私保护策略）　同类用户定义的一组访问者—角色授权规则和角色权限分配规则构成的集合。

示例 7.3　Privacy preserving policy = {UR-Rule1，RP-Rule1}，UR-Rule1：authorise_ role（x,'college classmate'）←∀x Is（x. class,'12computer-1'）^Is（x. graduate,'××××'）；RP-Rule1：A_ authorise（'college classmate'，y,'comment'）←∃y Is（y. type,'photo'）^Is（y. label,'graduation'）。用户 LiSi 的信息存储在系统中如下：name='LiSi'，class='12computer-1'，graduate='××××'；客体 photo1 的标签描述如下：type='photo'，label= {graduate，XXXX，12computer-1}。

根据用户—角色授权规则 UR-Rule1 给 LiSi 分配 college classmate 角色，而且如果 photo1 满足访问对象标签约束，LiSi 将通过 college classmate 角色获得对 photo1 的评论权限。

我们所提出的实现移动社交网络用户个性化隐私保护的访问控制与授权模型主要有以下优势：一是网络用户隐私保护策略设计时使用了一阶逻辑范式，可以实现对资源访问的细粒度授权，满足网络用户个性化的隐私保护需求；二是能够对移动社交网络中的新注册用户以及大量的动态数据资源实现自动的隐私保护策略设置，简化用户隐私保护设置，更好地保护用户隐私信息。

第四节　移动社交网络用户个性化隐私保护策略冲突分析

用户隐私保护策略产生冲突的原因各种各样，有些与用户角色层次关系有关，有些与具体的网络资源有关（王媛等，2012）。基于此，我们可以将移动社交网络中出现的隐私保护策略冲突分为两种类型：逻辑冲突和实体冲突，下面进行简要介绍。

一、逻辑冲突

逻辑冲突是指在定义隐私保护策略时产生的逻辑不一致，如用户角色授权冲突，对同一角色在不同隐私保护策略的定义中同时存在有正向授权和负向授权的情况。

示例 7.4　Privacy preserving policy = {UR-Rule1，RP-Rule1，RP-Rule2}，其中，UR-Rule1：authorise_ role（x,'member'）← ∀x Is（x. project,'MIS Development'）；RP-Rule1：A_ authorise（'member'，y，'read'）← ∃y Is（y. type,'log'）^Is（y. label,'work'）^TimeBetween（'8：00AM','6：00PM'）；RP-Rule2：S_ authorise（'member'，y,'read'）← ∃y Is（y. type,'log'）^Is（y. label,'work'）^DayBetween（'Saturday','Sunday'）。则用户—角色授权规则 UR-Rule1 表示在同一项

目组的是小组成员；角色—权限分配规则 RP-Rule1 表示允许小组成员在每天早8点到晚6点之间查阅项目组工作记录；RP-Rule2 表示不允许小组成员在非工作日查阅项目组工作记录。由于同一角色在不同隐私保护策略的定义中同时存在正向授权和负向授权，因此产生了逻辑授权冲突。

另一类常见的逻辑冲突是访问权限传递冲突，它是由角色层次关系产生的权限传递与显式授权之间的矛盾。如图 7-2 所示，角色使用圆形表示，权限使用矩形表示，+P 代表正向授权，- P 代表负向授权，箭头代表角色层次结构，实线代表已有的角色—权限分配关系，虚线代表新添加的角色—权限分配关系。根据角色层次结构中的权限传递规则，下层角色在被分配正向授权时，上层角色将按照正向授权规则从下层角色获得相应的访问权限。此时，如果对上层角色添加负向授权，则会与下层角色的正向授权发生冲突，导致策略冲突［见图 7-2（a）］。当下层角色被分配负向授权时，对上层角色添加正向授权，不会导致策略冲突。当上层角色被分配负向授权时，由于负向授权会由上层角色到下层角色反向传播，上层角色对资源的负向授权将直接产生下层角色的反向授权，此时如果对下层角色添加正向授权，则与上层角色负向授权矛盾，也会导致策略冲突［见图7-2（b）］。当上层角色包含多个下层角色，并且下层角色之间拥有互斥的权限时，如果对上层角色添加负向授权，将会与下层角色的负向授权矛盾，从而导致隐私保护策略冲突［见图 7-2（c）］。

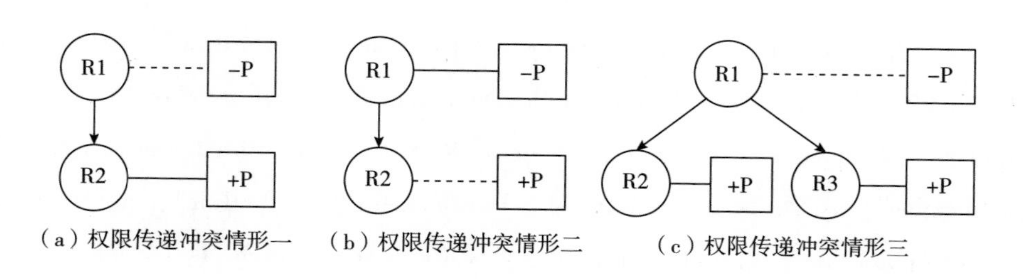

图 7-2 权限传递冲突

示例 7.5 Privacy preserving policy = ｛UR-Rule1，UR-Rule2，RP-Rule1，RP-Rule2｝，其中，UR-Rule1：authorise_ role（x,'schoolmate'）← ∀x Is（x. graduate,'××××'）；UR-Rule2：authorise_ role（x,'classmate'）← ∀x Is

(x. graduate,'××××') ^Is (x. class,'12computer-1'); RP-Rule1: A_ authorise ('schoolmate', y,'label') ← ∃y Is (y. type,'log') ^Is (y. label,'private'); RP-Rule2: S_ authorise ('classmate', y,'label') ← ∃y Is (y. type,'log') ^Is (y. tag,'private')。用户—角色授权规则 UR-Rule1 指从'××××'毕业的为校友; UR-Rule2 指毕业于'××××'且班级为'12computer-1'的是同学; 角色—权限分配规则 RP-Rule1 表示校友角色可以访问其工作日志; 而 RP-Rule2 指出同学角色不能对其工作日志进行访问。根据规则 UR-Rule1 和 UR-Rule2, 同学角色高于校友角色, 根据角色层次结构, 同学角色可以获取校友角色的正向授权, 能够访问其工作日志, 但角色—权限分配规则 RP-Rule2 明确定义了同学角色不能访问其工作日志, 从而导致隐私保护策略冲突。

二、实体冲突

实体冲突意味着隐私保护策略定义时没有产生逻辑上的冲突, 然而由于数据库中某些实体触发了隐私保护策略冲突条件, 从而导致隐私保护策略冲突。在移动社交网络个性化隐私保护模型中, 用户通过用户—角色授权规则 UR-Rule 和角色—权限分配规则 RP-Rule 获得对网络资源的访问权限。在定义用户—角色授权规则 UR-Rule 和角色—权限分配规则 RP-Rule 的过程中, 可能产生某一用户实体同时满足两种不同的角色约束, 引起两种互斥的隐私保护策略同时起作用, 从而导致隐私保护策略冲突。

示例 7.6 Privacy preserving policy = {UR-Rule1, UR-Rule2, RP-Rule1, RP-Rule2}, 其中, UR-Rule1: authorise_ role (x,'college classmate') ← Is (x. class,'12computer-1') ^I s (x. graduate,'××××'); UR-Rule2: authorise_ role (x,'member') ←∀x Is (x. project,'MIS Development'); RP-Rule1: A_ authorise ('college classmate', y,'comment') ←∃y Is (y. type,'photo') ^Is (y. label,'graduation'); RP-Rule2: S_ authorise ('member', y,'read') ←∃y Is (y. type,'photo') ^Is (y. label,'red')。用户—角色授权规则 UR-Rule1 表示毕业于'××××'高校、班级名称为'12computer-1'的学生是大学同学; UR-Rule2 表示参与项目'MIS Development'的都是小组成员; 角色—权限分配规则 RP-Rule1 表示大学同学可以对毕业照片进行评论; 而 RP-Rule2 表示小组成员不允许查看标记为红色的照

片。比如，用户 LiSi 在系统中存储的信息如下：name='LiSi'，class ='12computer-1'，graduate='××××'，project='MIS Development''，可见用户 LiSi 满足两种角色的约束条件:'college classmate'和'member'；访问对象 photo1 的标签属性为 type='photo'，label= {'graduation','red'}，根据规则 RP-Rule1，LiSi 可以对照片 photo1 进行评论，但是规则 RP-Rule2 使得 LiSi 无法查看 photo1，从而导致了隐私保护策略冲突。

第五节 移动社交网络用户个性化隐私保护策略一致性分析和验证

为了对移动社交网络用户定义的个性化隐私保护策略进行一致性分析和验证，我们采用了一级逻辑编程的方法将用户预定义的个性化隐私保护策略转换为逻辑形式，然后通过规则推理与分析自动实现隐私保护策略的冲突检测与修正。具体实现方法与执行过程如图 7-3 所示，基本步骤如下：第一，移动社交网络用

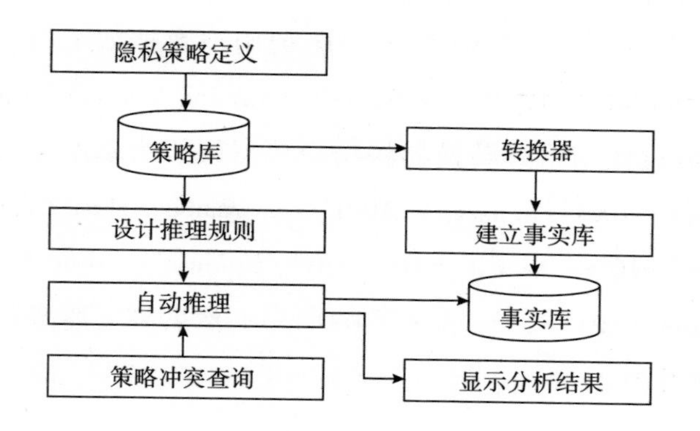

图 7-3 隐私保护策略一致性分析与验证

资料来源：Wang P S，Ma Q J. Issues of privacy policy conflict in mobile social network [J] . International Journal of Distributed Sensor Networks，2020，16 (3) .

户根据个人偏好定义满足个性化需求的隐私保护策略；第二，根据个性化的隐私保护策略设计网络资源访问授权推理规则和隐私保护策略冲突规则；第三，实现用户对隐私保护策略权限的分配以及隐私保护策略冲突的查询；第四，根据隐私保护策略冲突查询请求，调用逻辑转换器，将存储在关系数据库中的用户数据、资源数据和隐私保护策略转换为基本事实；第五，推理引擎程序根据现有的基本事实和逻辑推理规则完成用户资源访问权限分配和隐私保护策略冲突的自动分析与推理；第六，将出现冲突的隐私保护策略以可视化方式显示给用户，并通过与用户进行交互实现策略冲突的纠正。

一、建立基本事实库

事实是指移动社交网络中存在的数据访问对象及其之间的关系，由谓词名称和谓词变量两部分组成。通过逻辑转换器将存储在关系数据库和隐私保护策略库中的关系数据转换为基本事实描述语句，这也是后续逻辑推理的基础。基本转换方法如下：第一，分析用户的查询请求，基于不同数据库表的内容（如访问者信息表、访问对象信息表、访问对象标签表、权限分配表、隐私策略库等），从数据库中提取相关数据；第二，通过调用数据逻辑转换器将提取的数据转换为基本事实描述语句，保存到基本事实库文件中。

例如：用户表（User）存储编号 1001 的用户数据如下：user_ id = 1001，username = Lisi，birthday = 1998 - 2 - 10，city = Nanjing，online_ time = 150，graudate = ××××，通过调用格式转换器将用户数据解析为基本事实，表示为 user ('1001','user_ id','1001') . user (' 1001',' username',' Lisi') . user (' 1001',' birthday','1998 - 2 - 10') . user ('1001','city','Nanjing') . user ('1001','online_ time','150') . user ('1001','graudate','××××')，然后将上述事实描述语句保存到基本事实库文件中。

二、定义逻辑推理规则

逻辑推理规则用来描述基本事实库中数据之间存在的一系列依赖关系，一般格式为，h：-b1，b2，…，bn，其中，h 是规则的头部，用于表达推理规则的结论；b1，b2，…，bn 是规则的主体部分，用以表达执行规则时需要满足的约束条件。根据移动社交网络个性化隐私保护访问控制与授权模型的定义，我们定义了以下形式的逻辑推理规则。

定义 7.12（用户—角色分配规则） 该规则表明在基本事实库中若存在角色 Role1 和用户名为 User1 的访客 V，并且访客 V 满足角色 Role1 的所有属性约束条件，则将角色 Role1 分配给访客 V。

authorise_ role（User1，Role1）：- role（_，Role1），user（User，'namename'，User1，_），role_ on_ attr（Role1，V_ attr，V_ attr_ range），user（User1，V_ attr，V_ attr_ value，V_ attr_ type），match（V_ attr_ type，V_ attr_ value，V_ attr_ range）

定义 7.13（角色—权限分配规则） 角色的资源访问权限除了包括显式的权限分配外，还包括基于角色间的层次结构获取的权限。因此，该角色—权限分配规则主要分为三种情况：一是显式的访问权限分配，per_ lim 用来定义给定访问对象标签的资源访问权限，object_ lab 和 match 用来查询满足访问对象标签约束的网络资源，assign_ per 和 per 为角色 Role1 分配满足条件的资源访问权限；二是如果为下层角色 Lower 分配正向授权，基于正向授权的正向传播原理，则下层角色 Lower 会将正向授权传递给上层角色 Upper；三是如果为上层角色 Upper 赋予负向授权，基于负向授权反向传播原理，则上层角色 Upper 会将负向授权传递给低级角色 Lower。

role_ per（PerLim，Role1）：-per_ lim（PerLim，O_ label_ name，O_ label_ range，Actions，label），object_ label（Object，O_ label_ name，O_ label_ type，O_ label_ value），match（'char'，A_ id，Actions），match（O_ label_ type，O_ label_ value，O_ label_ range），per（Object，A_ id），assign_ per（Role1，PerLim）

role_ per（PerLim，Role1）：-is_ upper（Lower，Upper），role_ per（PerLim，Lower），per_ lim（PerLim，O_ label_ name，O_ label_ range，Actions，'grant'）

role_ per（PerLim，Role1）：-is_ upper（Lower，Upper），role_ per（PerLim，Upper），per_ lim（PerLim，O_ tag_ name，O_ tag_ range，Actions，'deny'）

定义 7.14（用户—权限分配规则） 基于用户—角色分配规则和角色—权限分配规则，可以推理出用户的网络资源访问权限。

user_ per（User1，Role1，PerLim）：- authorise_ role（User1，Role1），role_ per（PerLim，Role1）

定义 7.15（数据匹配规则） 设计自定义函数 match 用于判定给定的数据是否在某一特定数值范围内。可以分为以下三种情况。

第一，不考虑给定数据的具体类型，给定的数据 Value1 和指定的范围 Range1 均为常量，如果该数据与指定范围完全一致，则匹配成功。

match（Type，Value1，Range1）：-const（Range1），const（Value1），be_ equal（Value1，Range1）

be_ equal（Value1，Range1）：-Value1=Range1

第二，对于数字类型的数据 Value1，匹配规则如下：

match(Type，Value1，[M，N])：-type='int'，const(M)，const(N)，in (Value1，[M，N])

in(Value1，[M，N])：-const(Value1)，(M! ='null'，N! ='null'，M≤N，Value1≥M，Value1≤N)

in（Value1，[M，N]）：-const（Value1），（N='null'，M! ='null'，Value1≥M)

in（Value1，[M，N]）：-const（Value1），（M='null'，N! ='null'，Value1≤N)

in（[P，Q]，[M，N]）：-in（P，[M，N]），in（Q，[M，N]）

第三，对于字符类型的数据 Value1，匹配规则如下：

match(Type，Value1，[M | N])：-type='char'，const(M)，in(Value1，[M | N])

in(Value1，[M | N])：-const(Value1)，member(Value1，[M | N])

in([P]，[M | N]：-const(P)，member(P，[M，N])

in([ ],)

in([P | Q]，R)：-in(P，R)，in(Q，R)

定义 7.16（逻辑冲突推理规则） 在同一个数据对象上定义互斥的权限

XPerLim，即根据同一个数据对象是否同时具有“grant”和“deny”访问权限以及角色—权限分配规则 role_ per，从而确定一个角色是否具有互斥的权限。

role_ per_ confl(Role，PerLim1，PerLim2)：-role_ per(PerLim1，Role)，role_ per(PerLim2，Role)，XPerLim(PerLim1，PerLim2)

XPerLim(PerLim1，PerLim2)：-per_ lim(PerLim1，O_ label_ name，O_ label_ range，Actions,'grant')，per_ lim(PerLim2，O_ label_ name，O_ label_ range，Actions,'deny')

定义 7.17（实体冲突推理规则） 基于用户—权限分配规则 user_ per 和对象访问权限 per_ lim 定义正/负向授权权限，以确定一个用户是否具有互斥的权限。

confl(User1，Object1，Action1)：-grant_ access(User1，_ ，_ ，Object1，Action1)，deny_ access(User1，_ ，_ ，Object1，Action1)

grant_ access(User1，Role1，PerLim，Object1，Action1)：-user_ per(User1，Role1，PerLim)，per_ lim(PerLim，O_ label_ name，O_ label_ range，Actions,'grant')

deny_ access(User1，Role1，PerLim，Object1，Action1)：-user_ per(User1，Role1，PerLim)，per_ lim(PerLim，O_ label_ name，O_ label_ range，Actions,'deny')0

三、隐私保护策略冲突查询与修正

基于对隐私保护策略冲突推理规则的查询请求分析，实现隐私保护策略的一致性检验，可分为直接查询和自定义查询两种情况。直接查询是指不设置任何查询约束条件，根据隐私保护策略冲突的推理规则直接执行隐私保护策略冲突的查询。此查询仅仅返回隐私保护策略是否存在冲突，并不给出隐私保护策略冲突的具体原因。为了帮助用户准确定位隐私保护策略冲突的具体原因，实现隐私保护策略冲突的完善与修正，我们定义了如下隐私保护策略冲突过程查询推理规则：

1. 逻辑冲突过程推理规则

给出完整的导致用户角色 Role1 权限分配冲突的详细路径，使用户可以方便地获取产生逻辑冲突具体的权限分配过程。

role_ per_ det(Role1, PerLim, O_ label_ name, O_ label_ range, Actions, Label): -role_ per(PerLim, Role1), per_ lim(PerLim, O_ label_ name, O_ label_ range, Actions, Label)

2. 实体冲突过程推理规则

给出完整的导致用户权限分配冲突的详细过程，使用户可以方便地获取产生实体冲突的具体的权限分配过程。

query_ conf_ uoa_ proc(User1, Role1, Role2, PerLim1, PerLim2, Object1, Action1): -user_ per(User1, Role1, PerLim), per_ lim(PerLim1, O_ label_ name, O_ label_ range, Actions,'grant'), per_ lim(PerLim2, O_ label_ name, O_ label_ range, Actions,'deny')

由于执行直接查询时一般使用的是遍历方法，当存在大量角色—用户权限分配规则时，其执行效率则较为低下。因此，可以通过自定义策略冲突查询，让用户根据个人需求设置查询约束条件，缩小冲突查询范围，从而快速定位产生权限分配冲突的具体原因和详细过程。

3. 用户权限分配过程推理规则

给出完整的用户权限分配过程，用户可以根据自己的实际需要添加冲突查询约束条件，实现自定义策略冲突查询，找出用户访问权限分配过程中可能存在的隐私保护策略冲突。

query_ policy_ proc(User1, Role1, PerLim, Object1, Action1): -user_ per(User1, Role1, PerLim), per_ lim(PerLim, O_ label_ name, O_ label_ range, Actions, Label), per(Object1, A_ id), object_ label(Object1, O_ label_ name, O_ label_ type, O_ tag_ value), match('char', A_ id, Actions), match(O_ label_ type, O_ label_ value, O_ label_ range)

根据隐私保护策略冲突的具体类型和产生的原因，用户自定义策略冲突查询主要设置如下：

对于用户角色的自定义查询 query_ policy_ proc(User1,? Role1, _ , _ , _)可以查询到用户 User1 属于的角色，并确定其中是否包含用户 User1 不满足访问者属性约束的角色 Role1，从而能够确定用户—角色权限分配规则是否一致完整。

对于角色权限的自定义查询 query_ policy_ proc(, Role1,? PerLim, _ , _)

可以查询所有分配给角色 Role1 的访问权限，其中包含显式的权限分配和基于角色层次结构获取的角色权限，根据逻辑冲突过程推理规则，能够确定是否存在访问授权逻辑冲突。

对于访问对象角色的自定义查询 query_ policy_ proc(,? Role1, _ , Object1, Action1)可以查询所有能够对访问对象 Object1 执行行为 Action1 的角色，并确定其中是否存在给角色 Role1 分配了不满足访问对象属性约束条件的权限，从而确定角色—权限分配规则是否一致完整。

对于用户权限的自定义查询 query_ policy_ proc(User1, _ ,? PermLim, _ , _)可以查询到所有分配给用户 User1 的权限，完成对用户权限分配结果的一致性分析，从而确定是否存在访问授权实体冲突。

第六节　本章小结

近年来，隐私保护受到了学术界和工业界的广泛关注。移动社交网络中的隐私保护技术层出不穷。本章我们总结了移动社交网络中主要的隐私保护技术和访问控制模型，指出了它们的不足，在此基础上定义了一种支持移动社交网络用户个性化隐私保护的访问控制与授权模型和隐私保护策略，能够满足移动社交网络用户个性化的隐私保护策略需求，更好地维护移动社交网络安全。

针对移动社交网络用户隐私保护策略制定过程中出现的冲突问题，我们根据隐私保护策略与数据资源访问之间的关系，从逻辑定义和实体数据两个方面分析了隐私保护策略可能存在的冲突问题，采用一阶逻辑编程的方式实现了隐私保护策略的一致性分析与自动修正，以便于进行移动社交网络用户隐私保护策略的统一管理，并将提出的移动社交网络用户个性化隐私保护模型有效集成到实际的移动社交网络系统中。

第八章　移动社交网络个性化隐私策略管理系统

为了实现将提出的基于聚类的匿名化隐私保护技术和个性化隐私保护访问控制与授权模型跟当前移动社交网络进行无缝连接、有效集成，我们设计并实现了一个移动社交网络个性化隐私保护策略管理系统，移动社交网络用户可以根据个人偏好设置个性化的隐私保护策略并基于自定义的隐私保护策略实现对移动社交网络资源的个性化访问控制，完善现有移动社交网络隐私保护体系，更好地保护移动社交网络用户的隐私信息，促进移动社交网络安全、健康、和谐发展。

第一节　系统结构设计

如图 8-1 所示，移动社交网络用户隐私保护策略管理系统主要组件包括访问者库、对象属性库、环境属性库、隐私策略库、隐私保护策略管理分析与实施模块等，其中，访问者库用来存储访问用户的主要属性数据，对象属性库用来存储访问对象的属性和数据资源信息，环境属性库用来存储上下文状态信息，隐私策略库用来存储通过一致性分析和检验的用户自定义的个性化隐私保护策略（林子雨，2017）。

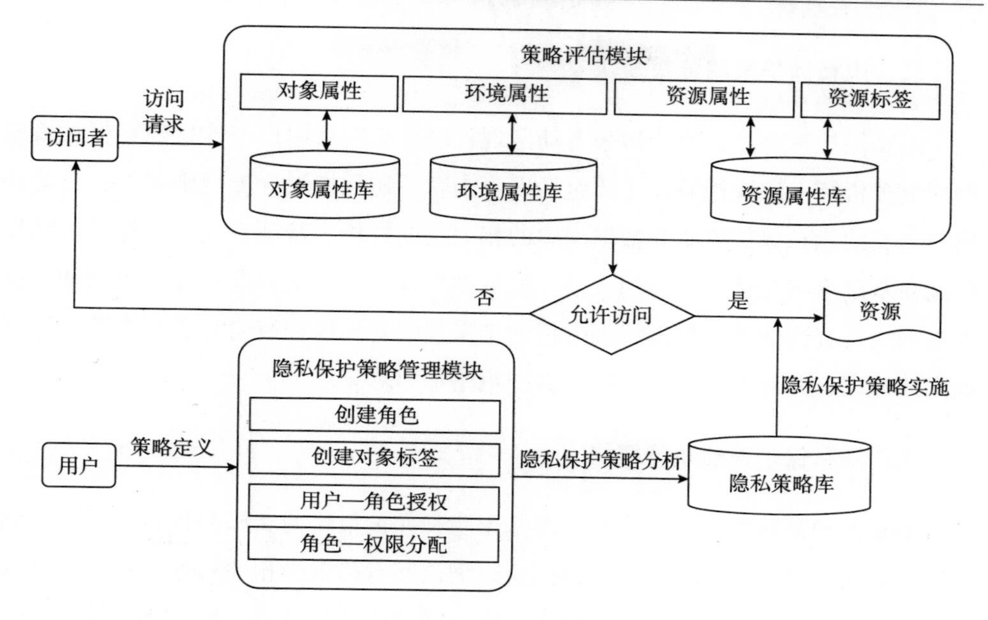

图 8-1 隐私保护策略管理系统功能结构

资料来源：Wang P S，Ma Q J. Issues of privacy policy conflict in mobile social network ［J］. International Journal of Distributed Sensor Networks，2020，16（3）.

第二节 系统功能模块划分

一、隐私保护策略管理模块

策略管理模块用来实现移动社交网络用户个性化的隐私保护策略的添加、修改、删除等基本的隐私策略编辑功能。主要包括以下内容：建立新的角色并创建角色间的层次结构；创建网络资源及其属性数据并基于用户—角色授权规则定义访问者属性约束条件，实现用户角色分配；通过角色—权限分配规则定义访问对象属性约束条件并完成访问行为、角色权限分配及其编辑功能。

二、隐私保护策略分析模块

隐私保护策略分析模块用来自动实现移动社交网络用户个性化隐私保护策略的冲突分析与一致性检验。主要包括以下内容：访问权限分配规则解析，自动将用户定义的隐私保护策略和数据库中的相关数据解析为基础事实，并将解析结果存储在基础事实文件中；访问权限分配规则查询分析，根据隐私保护策略冲突推理规则执行查询请求，根据查询分析的结果判断隐私保护策略是否存在逻辑冲突或实体冲突，并对产生冲突的隐私保护策略加以修正。

三、隐私保护策略执行模块

隐私保护策略执行模块用来实现基于隐私保护策略的实施与执行。当接收到访问者的网络资源访问请求时，该模块查询访问者请求的相关属性数据、访问对象属性、访问行为数据、相关约束条件以及状态属性信息等，通过比较访问者属性信息及属性约束条件获得访问者的角色信息，根据角色—权限分配规则从数据库中提取访问对象的属性信息，去匹配权限设置中的相关属性信息及约束条件，根据匹配结果确定是否允许访问者访问网络资源，如果匹配不成功，则向访问者反馈禁止访问网络资源的通知信息。

第三节　系统数据库设计

系统数据库用来存储与移动社交网络用户隐私保护策略定义、管理、分析、实施等操作有关的数据信息。数据库中主要包括访问者（Visitor）信息表、访问者角色（Role）信息表、访问对象（Object）信息表、网络资源标签（Object_ Label）信息表、访问行为（Action）信息表、访问权限（Permission）信息表、访问者—角色（V-R）分配表以及角色—权限（R-P）分配表等。通过访问者—角色分配表，实现访问者信息表和角色信息表之间关系的建立；通过角色—权限分配表也可实现访问者角色信息表与访问权限信息表之间关系的建

立。系统数据库的各种实体间的联系（E-R 图）如图 8-2 所示。

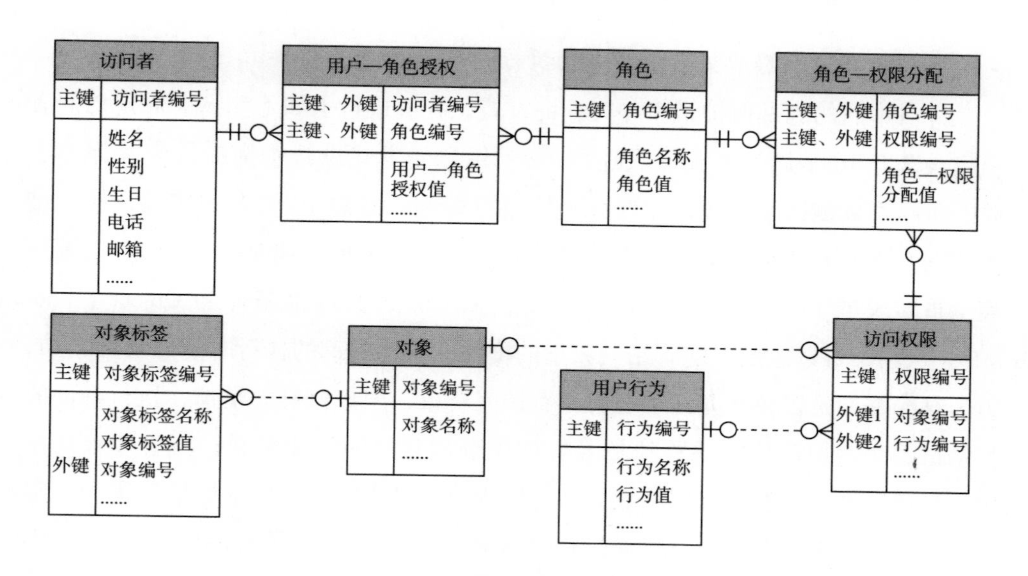

图 8-2　系统数据库实体—联系

资料来源：Wang P S，Ma Q J. Issues of privacy policy conflict in mobile social network［J］. International Journal of Distributed Sensor Networks，2020，16（3）.

第四节　系统实现与实验结果分析

为了便于非专业用户通过可视化界面实现移动社交网络隐私保护策略的定义和管理，我们开发了一套个性化的移动社交网络隐私策略管理系统，并进行了仿真实验。

一、实验环境

系统实验环境描述如下，CPU：Intel（R）Core（TM）i7 - 6500U @ 2.50GHz，RAM：8G，软件环境：Windows 7 操作系统；开发语言：Anaconda3；数据库管理系统：SQL Server 2012。

二、实验结果分析

1. 用户数量对隐私策略冲突查询执行效率的影响

针对不同的隐私保护策略冲突查询方式，我们进行了如下测试。假定访问者信息表含有 10 个属性，按每次递增 10 个用户的方式进行查询执行效率评估实验，每组查询测试 100 次，计算出平均运行时间，通过 10 轮对比实验，执行结果如图 8-3 所示。图中方形表示直接查询 conflict（User，Object，Action），圆点表示自定义查询 conflict（User,'photo1'，Action），其约束条件为 Object ='photo1'。从图中可以看出，随着用户数量的增加，直接查询的执行时间以线性增加，因为直接查询是以枚举方式来遍历所有访问对象，用户数量的增加，执行查询的数量也随之增加，从而导致隐私策略冲突查询时间的快速增长；与直接查询相比，自定义查询的执行效率明显更高，因为自定义查询对某些参数取值进行了限制，缩小了查询范围，可以快速找到隐私策略冲突的具体原因，受用户数量的影响也相对较小。

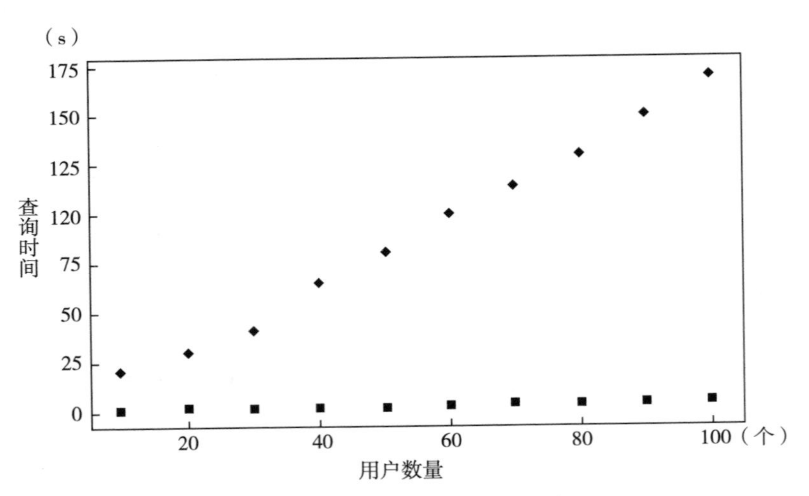

图 8-3　用户数量对查询执行效率的影响

2. 网络资源数量对查询执行效率的影响

为了测试网络资源数量对查询执行效率的影响，我们随机选择了 100 个用户，实验结果如图 8-4 所示。其中直接查询命名为 conflict（User，Object，Action），在图中用方形表示，自定义查询命名为 query_ per（User，Role，PerLim，Object，Action）的限定为 User='Alice'。实验结果表明，直接查询的时间随着网络资源数量的增加先是呈现出线性增长，然后趋于稳定，这是因为模型的访问控制是面向满足访问对象标签约束的所有网络资源，而不是针对某一个网络资源的；同时，自定义查询的性能明显高于直接查询。

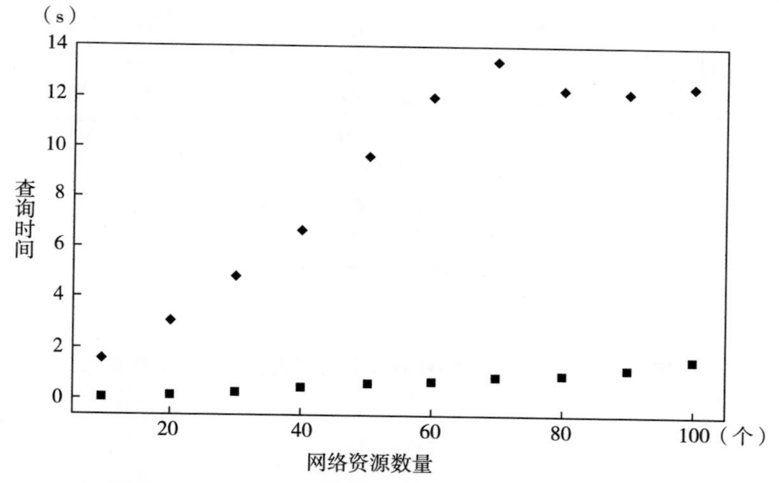

图 8-4　网络资源数量对查询执行效率的影响

3. 不同条件下用户数量对个性化查询执行效率的影响

为了测试自定义查询中不同限定条件下用户数量对查询效率的影响，我们随机选择了 100 个用户，实验结果如图 8-5 所示。自定义查询 query_ per（'Alice'，Role，PerLim，'photo1'，'read'）中我们给定了三个约束变量，即 User='Alice'，Object='photo1'，Action='read'。自定义查询 query_ per（User，Role，PerLim，'photo1'，Action）中指定一个约束条件，即 Object='photo1'，该查询执行时间在图中用方形表示。实验结果表明，查询的约束条件越严格，其查询执行效率越高。

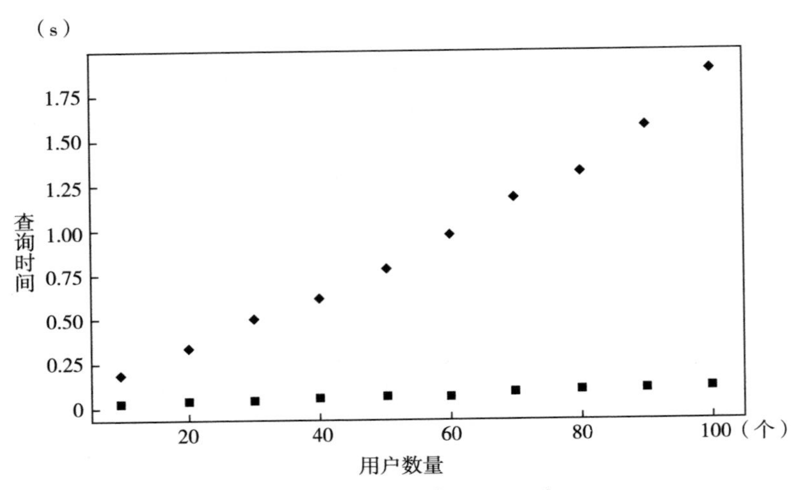

图 8-5　个性化查询的资源数量对查询执行效率的影响

第五节　本章小结

本章我们设计并实现了一个移动社交网络个性化隐私保护策略管理系统，基于该系统，移动社交网络用户可以根据个人偏好定义个性化的隐私保护策略，并对隐私策略进行灵活管理，实现对移动社交网络资源的个性化访问控制。仿真实验结果表明，所提出的个性化隐私保护模型能够在保持较高执行效率的同时，提高移动社交网络用户的安全性和隐私性，简化移动社交网络用户隐私保护策略的设置，从而有效减少个人隐私信息的泄露。

第九章　结论与展望

第一节　主要工作总结

本书从大数据环境下移动社交网络所面临的时代挑战出发，给出了移动社交网络隐私保护的重要研究视角，分析了移动社交网络用户信息存在的隐私泄露风险，针对现有移动社交网络隐私保护方案不够系统全面、存在“过度保护”或“保护不足”以及隐私保护策略设置过程烦琐等问题，系统地分析了当前移动社交网络隐私保护现状，研究了面向移动社交网络用户信息的个性化隐私保护相关技术方法。为了实现移动社交网络用户个性化的隐私保护，设计了基于聚类的k-匿名和l-多样性匿名隐私保护算法；建立了满足移动社交网络用户个性化隐私偏好的访问控制和授权模型，实现移动社交网络用户个性化隐私保护需求；通过定义访问者—角色授权规则和角色—权限分配规则，实现动态用户访问控制与权限分配问题；通过一阶逻辑编程的方式解决了隐私保护策略定义过程中出现的各种冲突问题，并可实现隐私保护策略的一致性分析和自动修正；开发了面向移动社交网络用户个性化隐私保护策略管理和执行的系统软件，通过仿真实验验证了所提出的移动社交网络个性化隐私保护技术的有效性。

由于移动社交网络产生的庞大信息量具有典型的大数据 4V 特性，传统的数据分析工具已无法胜任对社交网络大数据的分析需求，本书基于大数据分析工具对移动社交网络数据进行个体及群体全面分析，提取移动社交网络用户隐私信息关联关系，在此基础上，通过建立支持移动社交网络用户个性化隐私偏好的访问控制与授权模型实现灵活的、实用的隐私策略定义，针对用户隐私保护策略可能出现的冲突进行分析和一致性验证，开发实现了移动社交网络用户个性化隐私策略管理和执行的系统软件，便于工业界和企业界进行用户个性化隐私保护的无缝集成，满足实际应用中移动社交网络用户个性化隐私保护需求。

本书的研究成果可为各级科学技术情报研究所和移动社交网络企业提供相关理论和技术指导，为相关领域研究人员提供新的研究思路和研究方法；可使广大读者进一步增强个人隐私保护意识，明确如何在使用移动社交网络过程中加强隐私信息保护，同时对同行专家学者在移动社交网络隐私保护方面的研究也是有益的补充，进一步丰富和完善了移动社交网络隐私保护理论和方法体系，有效地促进移动社交网络安全、健康、和谐发展，全面提升我国新一代信息技术应用水平。

第二节　未来工作展望

本书提出的移动社交网络用户个性化隐私保护技术、方法和模型可以有效保护移动社交网络用户的隐私信息，简化用户隐私保护策略的设置，提高数据发布的可用性。然而，该隐私保护技术与模型的健壮性①和实效性还需要实践的检验，并在实践中对隐私保护技术与模型进行完善和优化，后续研究将重点围绕以下方面展开：

第一，网络用户相似性度量方面。准确度量用户间的相似性、科学合理划分用户的角色对于网络资源访问授权、用户权限动态分配以及角色间权限的传递至关重要，后续我们将深入分析移动社交网络用户属性大数据，优化不同类别属性的权重定义，改进用户相似性度量算法，更加科学合理地进行用户归类和角色划分，提高网络资源访问授权的准确性，以便对大量动态用户的隐私保护策略选项

① 健壮性又称鲁棒性，是指软件对于规范要求以外的输入情况的处理能力。

进行精准预置。

第二，匿名化隐私保护技术方面。目前，基于聚类的匿名化隐私保护技术的研究主要还停留在理论、方法、技术层面，实践中没有得到普遍的应用，迫切需要将匿名化隐私保护技术与实际应用密切结合起来，使匿名化隐私保护技术充分发挥其应用价值，同时也可激励相关人员对匿名化隐私保护技术进行更深入的研究，以便相互促进、协同发展。

第三，隐私保护策略冲突分析方面。移动社交网络用户隐私保护策略定义的准确性直接决定用户隐私信息泄露的风险大小，更深入的隐私保护策略冲突分析将会发掘出潜在的冲突授权，尤其是实体冲突，由于实体的多样性及层次关系的复杂性，本书冲突分析不够彻底全面，存在需要进一步深入研究的问题。

第四，隐私保护策略一致性检验方面。综合考虑网络资源层次关系和用户角色层次关系带来的策略冲突，完善基本事实库的构建，扩展隐私策略一致性检验规则，更加全面地实现隐私保护策略冲突的自动化检测和修正。

第五，移动社交网络隐私保护实证研究方面。本书通过仿真实验验证了移动社交网络用户个性化隐私保护模型和策略定义的正确性、有效性与执行效率，后续将选择合适的移动社交网络平台开展实证研究，并将提出的个性化隐私保护模型、隐私策略定义和策略管理系统软件与现有社交网络平台深度融合，以创造出显性的社会效益。

参考文献

[1] Wang P S，Wang Z C. Research on privacy protection strategies of mobile social network users [J]. International Journal Advanced Networking and Applications，2020，12（1）：4528-4531.

[2] 王平水．基于聚类的匿名化隐私保护技术研究 [D]. 南京：南京航空航天大学，2013.

[3] 周水庚，李丰，陶宇飞，等．面向数据库应用的隐私保护研究综述 [J]. 计算机学报，2009，32（5）：847-861.

[4] Chow C Y. Cloaking algorithms for location privacy [C] //Proceedings of the Encyclopedia GIS，June 11 - 12，2008，New York，New York. New York：Springer，2008：93-97.

[5] Phan T N，Dang T K，Truong T A，et al. A context-aware privacy-preserving solution for location-based services [C] //Proceedings of the 2018 International Conference on Advanced Computing and Applications（ACOMP），November 27-29，2018，Ho Chi Minh City，Vietnam. Los Alamizos：IEEE Computer Society，2018：132-139.

[6] Chow C Y，Mokbel M F，Liu X. Spatial cloaking for anonymous location-based services in mobile peer-to-peer environments [J]. GeoInfor Matica，2011，15（2）：351-380.

[7] Gruteser M，Grunwald D. Anonymous usage of location-based services through spatial and temporal cloaking [C] //Proceedings of the First International

Conference on Mobile Systems, Applications, and Services, May 5-8, 2003, San Francisco, California. New York: ACM Press, 2003: 31-42.

[8] Zheng X, Cai Z, Yu J, et al. Follow but no track: Privacy preserved profile publishing in cyber-physical social systems [J]. Internet of Things Journal IEEE, 2017, 4 (6): 1868-1878.

[9] Mattani N, Sharath Kumar J, Prabakaran A, et al. Privacy preservation in social network analysis using edge weight perturbation [J]. Indian Journal Science and Technology, 2016, 9 (37): 1-10.

[10] Campan A, Truta T M. Data and structural k-anonymity in social networks [C] //Proceedings of the International Workshop of Privacy, Security, and Trust in KDD, January 1-3, 2009, Las Vegas, Nevada. Cham: Springer, 5456, 2009: 33-54.

[11] Zheng X, Luo G, Cai Z. A fair mechanism for private data publication in online social networks [J]. IEEE Transactions on Network Science and Engineering, 2020, 7 (2): 880-891.

[12] Hazazi M, Tian Y, Al-Rodhaan M. Privacy-preserving authentication scheme for wireless networks [C] //Proceedings of the 21st Saudi Computer Society National Computer Conference (NCC), April 25-26, 2018, Riyadh, Saudi Arabia. New York: IEEE Xplore, 2018: 1-6.

[13] Zhang S, Wang G, Bhuiyan M Z A. A dual privacy preserving scheme in continuous location-based services [J]. IEEE Internet of Things Journal, 2018, 5 (5): 4191-4200.

[14] Cai Z, Zheng X. A private and efcient mechanism for data uploading in smart cyber-physical systems [J]. IEEE Transactions of Network Science and Engineering, 2020, 7 (2): 766-775.

[15] Jahid S, Mittal P, Borisov N. EASiER: Encryption-based access control in social networks with efficient revocation [C] //Proceedings of the 6th ACM Symposium on Information, Computer and Communication Security, March 22-24, 2011, Hong Kong, China. New York: ACM Press, 2011: 411-415.

[16] Benson A R, Gleich D F, Lim L H. The spacey random walk: A stochastic process for higher-order data [J]. SIAM Review, 2017, 59 (2): 321-345.

[17] Li H, Zhu H, Du S, et al. Privacy leakage of location sharing in mobile social networks: Attacks and defense [J]. IEEE Transactions on Dependable & Secure Computing, 2018, 15 (4): 646-660.

[18] Lee B, Oh J, Yu H, et al. Protecting location privacy using location semantics [C] //Proceedings of the 17th ACM SIGKDD International Conference on Knowledge Discovery and Data Mining, August 21-22, 2011, San Diego, California. New York: ACM Press, 2011: 1289-1297.

[19] Chow C Y, Mokbel M F. Enabling private continuous queries for revealed user locations [C] //Proceedings of the International Symposium on Spatial Temporal Databases, July 16-18, 2007, Boston, Massachusetts. Berlin: Springer, 2007: 258-275.

[20] Talukder N, Ahamed S I. Preventing multi-query attack in location-based services [C] //Proceedings of the 3rd ACM Conference Wireless Network Security, March 22-24, 2010, Hoboken, New Jersey. New York: ACM Press, 2010: 25-36.

[21] Liang Y, Cai Z, Yu J, et al. Deep learning based inference of private information using embedded sensors in smart devices [J]. IEEE Network, 2018, 32 (4): 8-14.

[22] Krumm J. Inference attacks on location tracks [C] //Proceedings of the International Conference on Pervasive Computing, May 8-10, 2007, Cham, Zug. Cham: Springer, 2007: 127-143.

[23] Gill M. Geo-Spoong Explained [EB/OL]. [2020-1-15]. https://www.comparitech.com/blog/vpn-privacy/geospoong/.

[24] Cai Z, He Z, Guan X, et al. Collective data-sanitization for preventing sensitive information inference attacks in social networks [J]. IEEE Transactions on Dependable & Secure Computing, 2018, 15 (4): 577-590.

[25] Emam K, Jonker E, Arbuckle L, et al. A systematic review of re-identication attacks on health data [J]. PLoS ONE, 2011, 6 (12): 1-12.

［26］ Sweeney L. Simple demographics often identify people uniquely ［Z］ //Pittsburgh：Carnegie Mellon University，Date Privacy Working Paper 3，2000：1-34.

［27］ Montjoye Y A，Hidalgo C A，Verleysen M，et al. Unique in the crowd：The privacy bounds of human mobility ［J］. Scientific Reports，2013，3（1）：1376.

［28］ Maouche M，Ben Mokhtar S，Bouchenak S. AP-attack：A novel user reidentication attack on mobility datasets ［C］ //Proceedings of the 14th EAI International Conference on Mobile and Ubiquitous Systems：Computing，Networking and Services，November 7-10，2018，Melbourne，Victoria. New York：ACM Press，2018：48-57.

［29］ Zheng X，Cai Z，Li Y. Data linkage in smart Internet of Things systems：A consideration from a privacy perspective ［J］. IEEE Communications Magazine，2018，56（9）：55-61.

［30］ Tannam E. Phishing Ad Claiming to be Twitter Verication Service ［EB/OL］. ［2018-5-23］. https：//www. siliconrepublic. com/enterprise/twitter-ad-verication.

［31］ Dumont R. Adidas 'Prize' Used as Bait in Attempt to Lure People into Biting ［EB/OL］. ［2018-1-8］. https：//www. welivesecurity. com/2018/06/14/phishing-anniversary-free-50-month-subscription/.

［32］ Limer E. Eavesdrop Through Phone Microphones to Target Ads ［EB/OL］. ［2018-1-8］. https：//www. popularmechanics. com/technology/security/a14533262/alphonso-audio-ad-targeting/.

［33］ Langone A. How Facebook or Any Other App Could Use Your Phone's Microphone to Gather Data ［EB/OL］. ［2018-5-24］. http：//money. com/money/5219041/how-to-turn-off-phone-microphonefacebook-spying/.

［34］ Hu Y C，Perrig A，Johnson D B. Wormhole attacks in wireless networks ［J］. IEEE Journal on Selecled Areas in Communications，2006，24（2）：370-380.

［35］ Kumar M. WireX DDoS Botnet ［EB/OL］. ［2018-8-17］. https：//thehackernews. com/2017/08/android-ddos-botnet. html.

［36］ Davies A. Akamai's Verdict on Mirai ［EB/OL］. ［2018-11-6］. https：//disruptive. asia/akamai-assesses-mirai-bad-worse/.

[37] Gallagher S. Syrian Rebels Lured into Malware Honeypot Sites [EB/OL]. [2018-2-15]. https：//arstechnica. com/informationtechnology/2015/02/syrian-rebels-lured-into-malware-honeypot-sitesthrough-sexy-online-chats/.

[38] Kovacs N. Social Media Scams Based on Current Events [EB/OL]. [2018-8-17]. https：//community. norton. com/blogs/nortonprotection-blog/social-media-scams-based-current-events.

[39] John R，Cherian J P，Kizhakkethottam J J. A survey of techniques to prevent sybil attacks [C] //Proceedings of the International Conference on Soft-Computing and Networks Security (ICSNS)，February 25-27，2015，Los Alarnitos：IEEE Computer Society，2015：1-6.

[40] Zhang K，Liang X，Lu R，et al. Sybil attacks and their defenses in the Internet of Things [J]. Internet of Things Journal IEEE，2014，1 (5)：372-383.

[41] Wang G，Konolige T，Wilson C，et al. You are how you click：Clickstream analysis for sybil detection [C]//Proceedings of the 22nd USENIX Secunty Symposium，2013：241-256.

[42] Xiao X，Chen C，Sangaiah A K，et al. Cen-LocShare：A centralized privacy-preserving location-sharing system for mobile online social networks [J]. Future Generation Computer Systems，2018，86 (9)：863-872.

[43] Peng T，Liu Q，Meng D，et al. Collaborative trajectory privacy preserving scheme in location-based services [J]. Information Sciences An International Journal，2017 (387)：165-179.

[44] Phan T N，Dang T K，Truong T A，et al. A contextaware privacy-preserving solution for location-based services [C]//Proceedings of the International Conference on Advanced Computing and Applications (ACOMP)，November 27-29，2018：132-139.

[45] Zhang S，Wang G，Liu Q，et al. A trajectory privacypreserving scheme based on query exchange in mobile social networks [J]. Soft Computer，2018，22 (18)：6121-6133.

[46] Li H, Zhu H, Du S, et al. Privacy leakage of location sharing in mobile social networks: Attacks and defense [J]. IEEE Transactions on Dependable & Secure Computing, 2018, 15 (4): 646-660.

[47] Huguenin K, Bilogrevic I, Machado J S, et al. A predictive model for user motivation and utility implications of privacy-protection mechanisms in location checkins [J]. IEEE Transactions on Mobile Computing, 2018, 17 (4): 760-774.

[48] Dewri R. Local differential perturbations: Location privacy under approximate knowledge attackers [J]. IEEE Transactions on Mobile Computing, 2013, 12 (12): 2360-2372.

[49] Yin C, Xi J, Sun R, et al. Location privacy protection based on differential privacy strategy for big data in industrial Internet of Things [J]. IEEE Transactions on Industrial Informatics, 2018, 14 (8): 3628-3636.

[50] Wang W, Min M, Xiao L, et al. Protecting semantic trajectory privacy for VANET with reinforcement learning [C] //Proceedings of the IEEE International Conference on Communications (ICC), May 20-24, 2019, Shanghai, China. Los Alamitos: IEEE Computer Society, 2019: 1-5.

[51] Campan A, Truta T M. A clustering approach for data and structural anonymity in social networks [C] //Proceedings of the 2nd ACM SIGKDD International Workshop Privacy Security and Trust KDD, June 16-18, 2008, Las Vegas, Nevada. New York: ACM Press, 2008: 33-54.

[52] Siddula M, Cai Z, Miao D. Privacy preserving online social networks using enhanced equicardinal clustering [C] //Proceedings of the IEEE 37th International Performance Computing and Communications Conference (IPCCC), November 17-19, 2018, Orlando, Florida. Los Alamitos: IEEE Computer Society, 2018: 1-8.

[53] Li M, Cao N, Yu S, et al. FindU: Privacy-preserving personal prole matching in mobile social networks [C] //Proceedings of the IEEE INFOCOM. Shanghai, China, April 10-15, 2011, New York: IEEE Xplore Digital Library, 2011: 2435-2443.

[54] Li R, Li H, Cheng X, et al. Perturbationbased private prole matching in

social networks [J]. IEEE Access, 2017 (5): 19720-19732.

[55] Li F, He Y, Niu B, et al. Match-MORE: An efficient private matching scheme using friends-of-friends' recommendation [C] //Proceedings of the International Conference on Computing, Networking and Communications (ICNC), February 15-18, 2016, Kauai, Hawaii. New York: IEEE Xplore, 2016: 1-6.

[56] Zhang S, Wang G, Bhuiyan M Z A, et al. A dual privacy preserving scheme in continuous location-based services [J]. Internet of Things Journal IEEE, 2018, 5 (5): 4191-4200.

[57] Pingley A, Yu W, Zhang N, et al. A context-aware scheme for privacy-preserving location-based services [J]. Computer Network, 2012, 56 (11): 2551-2568.

[58] Zhu L, Zhang C, Xu C, et al. PRIF: A privacy-preserving interest-based forwarding scheme for social Internet ofVehicles [J]. Internet of Things Journal IEEE, 2018, 5 (4): 2457-2466.

[59] Syverson P, Goldschlag D, Reed M. Onion routing for anonymous and private Internet connections [J]. Communications of the ACM, 1999, 42 (2): 39-41.

[60] Aad I, Castelluccia C, Hubaux J P. Packet coding for strong anonymity in ad hoc networks [C] //Proceedings of the Workshops on Secure Communication Baltimore, August 21 - 23, 2006, Maryland. New York: IEEE Xplore Digital Library, 2006: 1-10.

[61] Hasan O, Miao J, Mokhtar S B, et al. A privacy preserving prediction-based routing protocol for mobile delay tolerant networks [C] //Proceedings of the IEEE 27th International Conference on Advanced Information Networking and Applications (AINA), May 25-28, 2013, Barcelona, Spain. New York: IEEE Xplore Digital Library, 2013: 546-553.

[62] 王平水，王建东．匿名化隐私保护技术研究综述 [J]．小型微型计算机系统，2011，32 (2)：248-252.

[63] Sweeney L. K-anonymity: A model for protecting privacy [J]. International Journal of Uncertainty, Fuzziness and Knowledge-based Systems, 2002, 10 (5):

557-570.

[64] Machanavajjhala A, Gehrke J, Kifer D. L-diversity: Privacy beyond k-anonymity [J]. ACM Transactions on Knowledge Discovery from Data, 2007, 1 (1): 24-35.

[65] Li N H, Li T C. T-closeness: Privacy beyond k-anonymity and l-diversity [C] //Proceedings of IEEE 23rd International Conference on Data Engineering, April 11 - 15, 2007, Istanbul, Turkey. Los Alamitos: IEEE Computer Society, 2007: 106-115.

[66] Xiao X K, Tao Y F. Personalized privacy preservation [C] //Proceedings of the ACM Conference on Management of Data, June 27-29, 2006, Chicago, Illinois. New York: Association for Computing Machinery, 2006: 229-240.

[67] Ye X J, Zhang Y W, Liu M. A personalized (a, k) -anonymity model [C] //Proceedings of the 9th International Conference on Web-Age Information Management, August 12-14, 2008, Zhangjiajie, Hunan. Los Alamitos: IEEE Computer Society, 2008: 341-348.

[68] Liu Y H, Yang B R, Li G Y. A personalized privacy preserving parallel (a, k) -anonymity model [J]. International Journal of Advancements in Computing Technology, 2012, 4 (5): 265-271.

[69] Xu Y, Qin X L, Yang Z X, et al. A personalized k-anonymity privacy preserving method [J]. Journal of Information and Computational Science, 2013, 10 (1): 139-155.

[70] 韩建民，于娟，虞慧群，等．面向敏感值的个性化隐私保护 [J]. 电子学报，2010，38 (7)：1723-1728.

[71] 韩建民，于娟，虞慧群，等．面向数值型敏感属性的分级 l-多样性模型 [J]. 计算机研究与发展，2011，48 (1)：147-158.

[72] Byun J, Sohn Y, Bertino E, et al. Secure anonymization for incremental datasets [C] //Proceedings of the 3rd VLDB Workshop on Secure Data Management, January 1-3, 2006, Seoul, Korea. Berlin: Springer, 2006: 48-63.

[73] Byun J W, Li T C, Bertino E, et al. Privacy-preserving incremental data

dissemination [J]. Journal of Computer Security, 2009, 17 (1): 43-68.

[74] Wang K, Fung B C. Anonymizing sequential releases [C] //Proceedings of the 12th ACM SIGKDD International Conference on Knowledge Discovery and Data Mining, August 10-12, 2006. New York, New York: Association for Computing Machinery, 2006: 414-423.

[75] Fung B C M, Wang K, Fu A, et al. Anonymity for continuous data publishing [C] //Proceedings of the 11th International Conference on Extending Database Technology, March 25-29, 2008, Nantes, France. New York: ACM Press, 2008: 264-275.

[76] Xiao X K, Tao Y F. M-invariance: Towards privacy preserving re-publication of dynamic datasets [C] //Proceedings of the ACM Conference on Management of Data (SIGMOD), June 12-14, 2007, Beijing, China. New York: Association for Computing Machinery, 2007: 689-700.

[77] Xiao X K, Tao Y F. Dynamic anonymization: Accurate statistical analysis with privacy preservation [C] //Proceedings of the ACM SIGMOD International Conference on Management of Data, June 9-11, 2008, Vancouver, British Columbia. New York: Association for Computing Machinery, 2008: 107-120.

[78] Pei J, Xu J, Wang Z B, et al. Maintaining k-anonymity against incremental updates [C] //Proceedings of the 19th International Conference on Scientific and Statistical Database Management (SSDBM), July 9-11, 2007, Bamff, Alberta. Los Alamitos: IEEE Computer Society, 2007: 5-14.

[79] Truta T, Campan A. K-anonymization incremental maintenance and optimization techniques [C] //Proceedings of the ACM Symposium on Applied Computing (SAC), March 11-15, 2007, Seoul, Korea. New York: Association for Computing Machinery, 2007: 380-387.

[80] Bu Y, Fu A W C, Wong R C W. Privacy preserving serial data publishing by role composition [C] //Proceedings of the 34th Very Large Data Bases (VLDB) Conference, August 24-30, 2008, Auckland, New Zealand. New York: Association for Computing Machinery, 2008: 845-856.

[81] Wong R C W, Fu A W C, Wang K, et al. Probabilistic inference protection on anonymized data [C] //Proceedings of the 10th IEEE International Conference on Data Mining, January 20-24, 2009, Vancouver, British Columbia. Los Alamitos: IEEE Computer Society, 2010: 1127-1132.

[82] Wu Y J, Sun Z H, Wang X D. Privacy preserving k-anonymity for re-publication of incremental datasets [C] //Proceedings of the 2009 WRI World Congress on Computer Science and Information Engineering, July 24-28, 2009, Angeles, California. Los Alamitos: IEEE Computer Society, 2009 (4): 53-60.

[83] Wong R C W, Fu A W C, Liu J, et al. Global privacy guarantee in serial data publishing [C] //Proceedings of the IEEE 26th International Conference on Data Engineering, March 1-6, 2010, Long Beach, California. Los Alamitos: IEEE Computer Society, 2010: 956-959.

[84] Widyantoro D, Ioerger T, Yen J. An incremental approach to building a cluster hierarchy [C] //Proceedings of the 2002 IEEE International Conference on Data Mining, December 9-12, 2002, Maebashi, Japan. Los Alamitos: IEEE Computer Society, 2002: 705-708.

[85] Gupta C, Grossman R. GenIc: A single-pass generalized incremental algorithm for clustering [C] //Proceedings of the 4th SIAM International Conference on Data Mining, April 22-26, 2004, Lake Buena Vista, Florida. Philadelphia: Society for Industrial and Applied Mathematics Publications, 2004: 147-153.

[86] Hsu C, Huang Y P. Incremental clustering of mixed data based on distance hierarchy [J]. Expert Systems with Applications, 2008 (3): 1177-1185.

[87] Li T C, Anand S. HIREL: An incremental clustering algorithm for relational datasets [C] //Proceedings of the 8th IEEE International Conference on Data Mining, December 15-19, 2008, Pisa, Tuscany. Los Alamitos: IEEE Computer Society, 2008: 887-892.

[88] 吴英杰，倪巍伟，张柏礼，等. k-APPRP：一种基于划分的增量数据重发布隐私保护k-匿名算法 [J]. 小型微型计算机系统，2009，30 (8)：1581-1587.

[89] Sweeney L. Achieving k-anonymity privacy protection using generalization and suppression [J]. International Journal on Uncertainty, Fuzziness and Knowledge-based Systems, 2002, 10 (5): 571-588.

[90] Meyerson A, Williams R. On the complexity of optimal k-anonymity [C] //Proceedings of the 23rd ACM SIGACT-SIGMOD-SIGART Symposium on Principles of Database Systems, June 14-16, 2004, Paris, France. New York: Association for Computing Machinery, 2004: 223-228.

[91] Wong R C W, Fu A W C, Wang K, et al. Minimality attack in privacy preserving data publishing [C] //Proceedings of the 33rd International Conference on Very Large Data Bases, September 23-28, 2007, Vienna, Austria. Los Alamitos: IEEE Computer Society, 2007: 543-554.

[92] Wong R C W, Fu A W C, Wang K, et al. Anonymization-based attacks in privacy-preserving data publishing [J]. ACM Transaction of Database System, 2009, 34 (2): 235-243.

[93] Bayardo R, Agrawal R. Data privacy through optimal k-anonymization [C] //Proceedings of the 21st International Conference on Data Engineering, April 5-8, 2005, Tokyo, Japan. Los Alamitos: IEEE Computer Society, 2005: 217-228.

[94] 王平水，马钦娟. 隐私保护 k-匿名算法研究 [J]. 计算机工程与应用，2011, 47 (28): 117-119.

[95] Aggarwal G, Feder T, Kenthapadi K, et al. Achieving anonymity via clustering [C] //Proceedings of the 25th ACM SIGMOD-SIGACT-SIGART Symposium on Principles of Database Systems, June 26-28, 2006, Vienna, Austria. New York: Association for Computing Machinery, 2006: 153-162.

[96] Byun J W, Kamra A, Bertino E, et al. Efficient k-anonymization using clustering techniques [C] //Proceedings of the 12th International Conference on Database Systems for Advanced Applications, March 9-12, 2007, Bangkok, Thailand. Berlin: Springer, 2007: 188-200.

[97] Li J Y, Wong R C W, Fu A W C, et al. Achieving k-anonymity by clustering in attribute hierarchical structures [C] //Proceedings of the 8th International

Conference on Data Warehousing and Knowledge Discovery, September 4-6, 2006, Cracow, Poland. Berlin: Springer, 2006: 405-416.

[98] Loukides G, Shao J H. Greedy clustering with sample-based heuristics for k-anonymisation [C] //Proceedings of the 1st International Symposium on Data, Privacy, and E-Commerce, November 1-3, 2007, Chengdu, Sichuan. Los Alamitos: IEEE Computer Society, 2007: 191-196.

[99] Loukides G, Shao J H. An efficient clustering algorithm for k-anonymisation [J]. International Journal of Computer Science And Technology, 2008, 23 (2): 188-202.

[100] Lin J L, Wei M C. An efficient clustering method for k-anonymization [C] //Proceedings of the 2008 International Workshop on Privacy and Anonymity in Information Society, December 8-11, 2008, Sapporo, Japan. New York: Association for Computing Machinery, 2008: 46-50.

[101] Lin J L, Wei M C. Genetic algorithm-based clustering approach for k-anonymization [J]. International Journal of Expert Systems with Applications, 2009, 36 (6): 9784-9792.

[102] Lu L J, Ye X J. An improved weighted-feature clustering algorithm for k-anonymity [C] //Proceedings of the 5th International Conference on Information Assurance and Security, August 18-20, 2009, Xidian University, Xian, Shanxi. Los Alamitos: IEEE Computer Society, 2009: 415-419.

[103] 韩建民，岑婷婷，虞慧群．数据表k-匿名化的微聚集算法研究 [J]. 电子学报，2008，36 (10)：2023-2029.

[104] 于娟，韩建民，郭腾芳，等．基于聚类的高效k-匿名化算法 [J]. 计算机研究与发展，2009，46 (S)：105-111.

[105] 王智慧，许俭，汪卫，等．一种基于聚类的数据匿名方法 [J]. 软件学报，2010，21 (4)：680-693.

[106] 杨高明，杨静，张健沛．聚类的 (a，k) 匿名数据发布 [J]. 电子学报，2011，39 (8)：1941-1946.

[107] 熊平，朱天清．基于杂度增益与层次聚类的数据匿名方法 [J]. 计算

机研究与发展，2012，49（7）：1545-1552.

[108] Blake C，Merz C. UCI repository of machine learning databases [DB/OL]，https：//archive. ics. uci-edu/ml/index. php，1998.

[109] Kifer D，Gehrke J. Injecting utility into anonymized datasets [C] //Proceedings of the ACM SIGMOD Conference on Management of Data（SIGMOD），June 27-29，2006，Chicago，Illinois. New York：Association for Computing Machinery，2006：217-228.

[110] 王平水. 基于聚类的匿名化隐私保护技术研究 [J]. 现代图书情报技术，2010（11）：53-58.

[111] 王平水，王建东. 一种基于聚类的个性化（l，c）匿名算法 [J]. 计算机工程与应用，2012，48（23）：16-20.

[112] Kifer D，Gehrke J. Injecting utility into anonymized datasets [C]//Proceedings of the ACM SIGMOD Conference on Management of Data（SIGMOD），New York，New York. USA：Association for Computing Machinery，2006：217-228.

[113] Xu J，Wang W，Pei J，et al. Utility-based anonymization using local recoding [C] //Proceedings of the 12th ACM SIGKDD International Conference on Knowledge Discovery and Data Mining，August 20-23，2006，Philadelphia，Pennsylvania. New York：Association for Computing Machinery，2006：785-790.

[114] Xu J，Wang W，Pei J，et al. Utility-based anonymization for privacy preservation with less information loss [J]. ACM SIGKDD Explorations Newsletter，2006，8（2）：21-30.

[115] Rastogi V，Suciu D，Hong S. The Boundary between privacy and utility in data publishing [C] //Proceedings of the 33rd International Conference on Very Large Data Bases，September 10-14，2007，University of Vienna，Vienna. Los Alamitos：IEEE Computer Society，2007：531-542.

[116] Li T C，Li N H. On the tradeoff between privacy and utility in data publishing [C] //Proceedings of the ACM SIGKDD International Conference on Knowledge Discovery and Data Mining，June 28-30，2009，Paris，France. New York：Association for Computing Machinery，2009：517-525.

[117] Loukides G, Shao J H. Data utility and privacy protection trade-off in k-anonymisation [C] //Proceedings of the International Workshop on Privacy and Anonymity in Information Society, January 1-3, 2008, Nantes, France. New York: Association for Computing Machinery, 2008: 36-45.

[118] Domingo-Ferrer J, Rebollo-Monedero D. Measuring risk and utility of anonymized data using information theory [C] //Proceedings of the 2009 International Conference on Extending Database Technology/International Conference on Database Theory Workshops, March 22-26, 2009, Saint Petersburg, Russia. New York: Association for Computing Machinery, 2009: 126-130.

[119] Tao Y F, Chen H K, Xiao X K. Angel: Enhancing the utility of generalization for privacy preserving publication [J]. IEEE Transactions on Knowledge and Data Engineering, 2009, 21 (7): 1073-1087.

[120] Liu J Q, Wang K. On optimal anonymization for l-diversity [C] //Proceedings of the IEEE 26th International Conference on Data Engineering, March 1-6, 2010, Long Beach, California. Los Alamitos,: IEEE Computer Society, 2010: 213-224.

[121] 朱青，赵桐，王珊. 面向查询服务的数据隐私保护算法 [J]. 计算机学报，2010，33 (8)：1315-1323.

[122] Oliveira S R M, Zaane O. Privacy preserving clustering by data transformation [C] //Proceedings of the 18th Brazilian Symposium on Databases, September 8-10, 2003, Paulo, Brazil. New York: Association for Computing Machinery, 2003: 304-318.

[123] Oliveira S R M, Zaane O. Achieving privacy preservation when sharing data for clustering [C] //Proceedings of the Secure Data Management Workshop, August 30-September 2, 2004, Toronto, Ontario. Berlin: Springer, 2004: 67-82.

[124] Inan A, Kaya S V, Saygin Y, et al. Privacy preserving clustering on horizontally partitioned data [J]. Data and Knowledge Engineering, 2007, 63 (3): 646-666.

[125] Fung B C M, Wang K, Wang L Y, et al. Privacy-preserving data pub-

lishing for cluster analysis [J]. Data and Knowledge Engineering, 2009, 68 (6): 552-575.

[126] Dinur I, Nissim K. Revealing information while preserving privacy [C] //Proceedings of the 22nd ACM SIGACT-SIGMOD-SIGART Symposium on Principles of Database Systems, June 9-12, 2003, San Diego, California. New York: Association for Computing Machinery, 2003: 202-210.

[127] Zhang Q, Koudas N, Srivastava D. Aggregate query answering on anonymized tables [C] //Proceedings of the 23rd International Conference on Data Engineering, April 11-15, 2007, Istanbul, Turkey. Los Alamitos: IEEE Computer Society, 2007: 116-125.

[128] Navarro-Arribas G, Torra V, Erola A, et al. User k-anonymity for privacy preserving data mining of query logs [J]. Information Processing and Management, 2012, 48 (3): 476-487.

[129] Agrawal R, Srikant R. Privacy-preserving data mining [J]. ACM SIGMOD Record, New York, 2000, 29 (2): 439-450.

[130] Du W L, Zhan Z J. Using randomized response techniques for privacy preserving data mining [C] //Proceedings of the 9th ACM SIGKDD International Conference on Knowledge Discovery and Data Mining, August 24-26, 2003, Washington, USA. New York: Association for Computing Machinery, 2003: 505-510.

[131] 葛伟平，汪卫，周皓峰，等. 基于隐私保护的分类挖掘 [J]. 计算机研究与发展，2006，43 (1): 39-45.

[132] Wang K, Yu P S, Chakraborty S. Bottom-up generalization: A data mining solution to privacy protection [C] //Proceedings of the 4th IEEE International Conference on Data Mining, November 1-4, 2004, Brighton, England. Piscataway: IEEE Computer Society, 2004: 249-256.

[133] Wang K, Fung B C M, Yu P S. Template-based privacy preservation in classification problems [C] //Proceedings of the 5th IEEE International Conference on Data Mining, November 27-30, 2005, Houston, Texas. Los Alamitos: IEEE Computer Society, 2005: 466-473.

[134] Fung B C M, Wang K, Yu P S. Top-down specialization for information and privacy preservation [C] //Proceedings of the International Conference on Data Engineering (ICDE), April 5-8, 2005, Tokyo, Japan. Los Alamitos: IEEE Computer Society, 2005: 205-216.

[135] Fung B C M, Wang K, Yu P S. Anonymizing classification data for privacy preservation [J]. IEEE Transactions on Knowledge and Data Engineering, 2007, 19 (5): 711-725.

[136] Kisilevich S, Rokach L, Elovici Y, et al. Efficient multidimensional suppression for k-anonymity [J]. IEEE Transactions on Knowledge and Data Engineering, 2010, 22 (3): 334-347.

[137] Lefevre K, Dewittd J, Ramakrishnan R. Incognito: Efficient full-domain k-anonymity [C] //Proceedings of the 2005 ACM SIGMOD International Conference on Management of Data, June 14-16, 2005, Baltimore, Marvland. New York: Association for Computing Machinery, 2005: 49-60.

[138] LeFevre K, DeWitt D J, Ramakrishnan R. Workload-aware anonymization techniques for large-scale datasets [J]. ACM Transactions on Database Systems, 2008, 33 (3): 1-47.

[139] Li J Y, Liu J X, Baig M, et al. Information based data anonymization for classification utility [J]. Data and Knowledge Engineering, 2011, 70 (12): 1030-1045.

[140] 王平水，朱新峰. 基于大数据分析的移动社交网络用户隐私信息关联关系研究 [J]. 赤峰学院学报（自然科学版），2018，34 (8)：49-51.

[141] Sun C, Yu P S, Kong X, et al. Privacy preserving social network publication against mutual friend attacks [J]. Transactions on Data Privacy, 2014, 7 (2): 71-97.

[142] Liu X Y, Wang B, Yang X C. Survey on privacy preserving techniques for publishing social network data [J]. Journal of Software, 2014, 25 (3): 576-590.

[143] 王媛. 社会网络隐私策略管理关键问题研究 [D]. 济南：山东大学，2013.

［144］龚卫华，兰雪锋，裴小兵，杨良怀．基于 k-度匿名的社会网络隐私保护方法［J］．电子学报，2016，44（6）：1437-1444.

［145］Hay M，Miklau G，Jensen D，et al. Resisting structural identification in anonymized social networks［C］//Proceedings of the 34th International Conference on Very Large Databases，June 14－16，2008，Baltimore，Maryland. Los Alamitos：IEEE Computer Society，2008：102-114.

［146］Campan A，Truta T M. A clustering approach for data and structural anonymity in social networks［C］//Proceedings of the 2nd ACM SIGKDD Workshop on Privacy，Security，and Trust in KDD，August 24－26，2008，Las Vegas，Nevada. New York：Association for Computing Machinery，2008：33-54.

［147］Wang R，Zhang M，Feng D，et al. A clustering approach for privacy-preserving in social networks［C］//Proceedings of the Information Security and Cryptology，March 20-22，2014，Seoul，Korea. Berlin：Springer，2014：193-204.

［148］Wang Y，Xie L，Zheng B，Lee K C K. Utitily-Oritented k-anonymization on social networks［C］//Proceedings of the 16th International Conference on Database Systems for Advanced Applications，April 22－25，2001，Hong Kong，China. New York：Springer，2011：78-92.

［149］Lan L，Tian L. Preserving social network privacy using edge vector perturbation［C］//Proceedings of the International Conference on Information Science and Cloud Computing Companion，December 4-6，2014，Guangzhou，Guangdong. New York：IEEE，2014：188-193.

［150］Carminati B，Ferrari E，Perego A. Rule-based access control for social networks［C］//Proceedings of the OTM’06 Workshops. Montpellier，France，October 29-31，2006，Berlin：Springer，2006：1734-1744.

［151］周晓军，蒋兴浩，孙锬锋．RB-RBAC 模型的研究与改进［J］．信息安全与通信保密，2010（4）：100-102.

［152］努尔买买提·黑力力，开依沙尔·热合曼．带负授权 RBAC 模型的 OWL 表示及冲突检测［J］．计算机工程与应用，2010，46（30）：82-85.

［153］Jiawei Han，Micheline Kamber. 数据挖掘：概念与技术［M］．范明，

孟小峰，译．北京：机械工业出版社，2007.

［154］林子雨．大数据技术原理与应用（第 2 版）［M］. 北京：人民教育出版社，2017.

［155］王媛，孙宇清，马乐乐．面向社会网络的个性化隐私策略定义与实施［J］. 通信学报，2012，33（z1）：239-249.

［156］Wang P S，Wang Z C，Ma Q J. Personalized privacy protecting model in mobile social network ［J］. Computers，Materials & Continua，2019，59（2）：533-546.

［157］Tai C，Yu P，Yang D，et al. Privacy-preserving social network publication against friendship attacks ［C］//Proceedings of the ACM SIGKDD，August 20-23，2011，Chengdu，Sichuan. New York：Association for Computing Machinery，2011：1262-1270.

［158］Wang Y，Xie L，Zheng B. et al. Utitily-Oritented k-anonymization on social net-works ［C］//Proceedings. of the 16th Int'l Conf. on Database Systems for Advanced Applica-tions，2011：78-92.

［159］Zou L，Chen L，Ozsu M. K-automorphism：A general framework for privacy preserving network publication ［C］//Proceedings of the 35th International Conference on Very Large Data Bases，August 24-28，2009，Lyon，France. New York：Association for Computing Machinery，2009：946-957.

［160］Sun C，Yu P. Kong X，et al. Privacy preserving social network publication against mutual friend attacks ［J］. Transactions on Data Privacy，2014，7（2）：71-97.

［161］Lan L，Tian L. Preserving social network privacy using edge vector perturbation ［C］// Proceedings of the International Conference on Information Science and Cloud Computing Companion，2014：188-193.

［162］Cheng Y，Park J，Sandhu R. An access control model for mobile social networks us-ing user-to-user relationships ［J］. IEEE Transactions on Dependable and Secure Computing，2016，13（4）：424-436.

［163］Kumar S，Kumar P. Upper approximation based privacy preserving in online social networks [J]. Expert Systems with Applications, 2017 (88): 276-289.

[164] Schlegel R, Chow C, Huang Q, et al. Privacy-Preserving Location Sharing Ser-vices for Social Networks [J]. IEEE Transactions on Services Computing, 2017, 10 (5): 811-825.

[165] Soliman A, Bahri L, Girdzijauskas S. CADIVa: Cooperative and adaptive decentral-ized identity validation model for social networks [J]. Social Network Analysis and Mining, 2016, 6 (1): 1-22.

[166] Kokciyan N, Yolum P. PriGuard: A semantic approach to detect privacy violations in online social networks [J]. IEEE Transactions on Knowledge and Data Engineering, 2016, 28 (10): 2724-2737.

[167] Thapa A, Liao W, Li M, et al. SPA: A secure and private auction framework for de-centralized online social networks [J]. IEEE Transactions on Parallel and Distributed Systems, 2016, 27 (8): 2394-2407.

[168] Such J M, Criado N. Resolving Multi-Party Privacy Conflicts in Social Media [J]. IEEE Transactions on Knowledge and Data Engineering, 2016, 28 (7): 1851-1863.

[169] Wang T, Srivatsa M, Liu L. Fine-grained Access control of personal data [C] //Proceedings of the ACM Symposium on Access Control Models and Technologies, June 6-8, 2012, Newark, New Jersey. New York: Association for Computing Machinery, 2012: 145-156.

[170] Li J, Tang Y, Mao C, Lai H, Zhu J. Role based access control for social network sites [C] //Proceedings of the Joint Conferences on Pervasive Computing, December 3-5, 2009, Taiwan, China. New York: IEEE, 2009: 389-394.

[171] Cirio L, Cruz I, Tamassia R. A role and attribute based access control system using semantic web technologies [C] //Proceedings of the International Federation for Information Processing Workshop on Semantic Web and Web Semantics, November 25-30, 2007, Vilamoura, Portugal. Berlin: Springer, 2007: 1256-1266.

[172] Yuan E, Tong J. Attributed based access control (ABAC) for web services [C] //Proceedings of the IEEE International Conference on Web Services, July

11－15，2005，Orlando，Florida. Los Alamitos：IEEE Computer Society，2005：561–569.

［173］ Adam N，Atluri V，Bertino E. A content-based authorization model for digital libraries ［D］. IEEE Transactions on Knowledge and Date Engineering，2002，14 (2)：296–315.

［174］ Carminati B，Ferrari E，Perego A. Rule-based access control for social networks ［C］ //Proceedings of the OTM' 06 Workshops，October 29－31，2006，Montpellier，France. Berlin：Springer，2006：1734–1744.

［175］ Ma L，Tao L，Zhong Y，et al. RuleSN：Research and application of social network access control model ［C］ //Proceedings of the IEEE International Conference on Intelligent Data and Security，April 8–10，2016，New York，New York. Los Alamitos：IEEE Computer Society，2016：418–423.

［176］ Wang P S，Ma Q J. Issues of privacy policy conflict in mobile social network ［J］. International Journal of Distributed Sensor Networks，2020，16 (3)：1–9.

附 录

本书采用的研究方法之一是问卷调查，通过发放问卷调查的方式收集大数据环境下移动社交网络用户在社交平台的行为习惯、隐私保护关注程度、隐私保护具体举措等，以揭示大数据环境下移动社交网络用户隐私保护的认知与现状，为设计隐私保护模型和定义隐私保护策略提供数据支撑。

大数据环境下移动社交网络用户隐私保护调查问卷

1、您的性别？

A. 男　　B. 女

2、您的年龄？

A. 18岁以下　　B. 18~30岁　　C. 31~40岁　　D. 41~50岁

E. 51~60岁　　F. 60岁以上

3、您的学历？

A. 高中及以下　　B. 专科　　C. 本科　　D. 研究生及以上

4、您的职业？

A. 学生　　B. 教师　　C. 公务员　　D. 医务人员

E. 其他

5、您对大数据的了解情况？

A. 非常了解　　B. 有所了解　　C. 仅听说过　　D. 完全不了解

6、您认为大数据环境下个人隐私能够得到保护吗？

A. 能　　B. 不能　　C. 不关心

7、您愿意牺牲自己的部分隐私权而获得大数据带来的便利吗？

A. 愿意　　B. 不愿意　　C. 视具体情况

8、您认为以下哪些信息属于个人隐私？【可多选】

A. 身份证号、姓名、年龄　　B. 性别、身高、体重

C. 电话号码、家庭住址　　D. 电子邮箱、QQ 号、微信号

E. 个人财产状况　　F. 个人日常活动

G. 个人社会关系　　H. 其他

9、您认为公共场所的 Wi-Fi 安全吗？

A. 安全　　B. 不安全　　C. 视具体情况

10、您认为在移动社交网络上注册账号时录入的个人信息是否会泄露个人隐私？

A. 是　　B. 否　　C. 视具体情况

11、您在处理移动社交网络授权问题时会认真阅读所要求的相关权限吗？

A. 会　　B. 不会　　C. 视具体情况

12、您认为移动社交网络个人隐私泄露的原因是？【可多选】

A. 个人隐私保护意识不强

B. 对于个人隐私保护的法律法规不完善

C. 网络服务商有意识地收集用户信息

D. 恶意用户的非法网络链接

E. 大数据环境下信息共享所致

F. 隐私保护技术存在不足

G. 其他

13、您认为通过移动社交网络获取他人隐私的行为合法吗？

A. 合法　　B. 不合法　　C. 视具体情况

14、在移动社交网络上泄露的个人隐私会对您的日常生活产生哪方面的影响？【可多选】

A. 骚扰电话　　B. 垃圾短信　　C. 垃圾邮件　　D. 广告推销

E. 没遇到过　　F. 其他

15、您认为使用移动社交网络时保护个人隐私最应该做的是什么？【可多选】

A. 提高隐私保护的意识

B. 加强网络服务商对客户信息进行收集、扩散和应用等行为的监管

C. 加强对个人信息隐私保护的立法立规

D. 不打开恶意用户的非法网络链接

E. 加强移动社交网络隐私保护设置

F. 开发隐私保护新技术

G. 其他

16、您对大数据环境下移动社交网络用户隐私保护有何建议？

致　谢

本书是对我们多年来研究工作的一个系统总结，是国家社会科学基金项目“大数据环境下移动社交网络用户个性化隐私保护模型研究”（项目编号：16BTQ085）的研究成果之一。本项目从课题规划、课题申报、课题调研、研究方案设计、研究进度交流、研究成果总结及论文与著作撰写等整个过程，著者们付出了大量的时间和精力，他们严谨认真的工作态度和敬业精神使课题的研究与著作撰写进展顺利，在此对他们的辛苦付出表示衷心的感谢！

感谢我的博士导师王建东教授，课题研究和著作撰写期间，他在研究方案的设计、研究数据的分析、研究成果的总结与论文撰写等方面均给予我非常有价值的指导，提出了有针对性的意见和建议。王建东教授知识渊博、治学严谨、工作务实、为人正直，是我工作和学习的榜样，在此祝我的导师身体健康、全家幸福！

感谢我在澳大利亚访学的合作导师 Willy Susilo 教授，他对本书的研究方法和论文撰写给予了大量的指导，导师组的其他师生在组会交流时也给予了一定的帮助，在此一并表示感谢，祝他们工作顺利、健康平安！

感谢我们学院的各位领导，他们的理解与支持使我能够潜心从事课题的研究和著作的撰写工作；感谢我的同事，与他们的沟通交流使我产生灵感、收获颇丰。

感谢我的家人，他们的理解、支持与鼓励使我顺利完成本书的出版。

最后，还要感谢审校本书的各位老师，感谢他们百忙之中给予的指导。